我发誓 你没见过这些鸟

纸上魔方◎编著

重庆出版集团 重庆出版社

目录

contents

沙漠中的长跑健将

世界上的鸟千奇百怪，如果有人问："鸟儿有什么本领？"我想，小朋友们肯定都会说："鸟儿会飞！"是啊！天空是鸟儿们的领地和乐园。

但并不是所有的鸟都会飞，非洲大沙漠中就有一种大鸟，根本飞不起来，却擅长在沙漠中长跑，而且跑动速度很快，是鸟类的长跑健将。

你知道这种不会飞的鸟是谁吗？

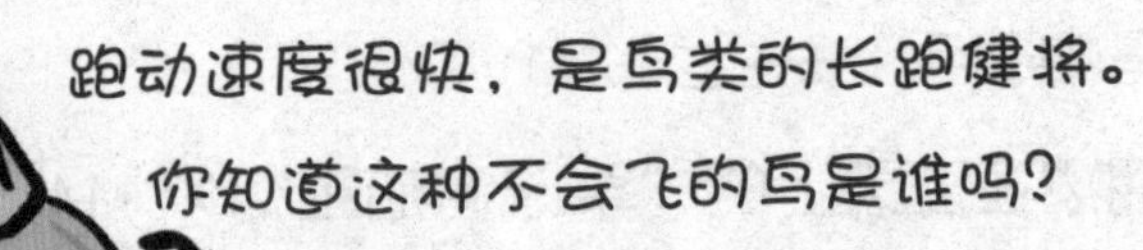

不会飞的长跑健将

非洲大沙漠中有一种鸟，名叫鸵鸟，它有一双翅膀却不会飞翔。原来，鸵鸟是个大个子，体重太大，根本飞不起来。在远古时代，鸵鸟也是会飞翔的，它们以吃植物为主，逐渐放弃了天空，在漫长的进化过程中逐步失去了飞行能力。

虽然鸵鸟不能在蓝天中飞翔了，但是因为生活在沙漠中，它们练就了长途奔跑的本领。鸵鸟奔跑的速度大约是 45 千米 / 小时，是世界上跑得最快的鸟。

鸵鸟的眼睫毛浓黑，眼球很大，视力很好，可以看到很远的敌人，是名副其实的千里眼。

鸵鸟生活在哪里？

鸵鸟分布在非洲萨哈拉大沙漠往南的广大地区，这里是非洲降雨量较少的干燥地区，生存环境恶劣。然而，鸵鸟却能很好地生活在这里，原因是它具有超强的生存本领。鸵鸟可以吸收植物的水分，又有很强的耐渴性，即便喝不到水，也能生存很长时间。

鸵鸟曾生活在叙利亚和阿拉伯半岛，如今这两个地方已经没有鸵鸟了，而澳洲东南部目前是鸵鸟的新栖息地。

鸵鸟的脚不怕烫吗？

鸵鸟喜欢单脚站立，有人在猜想，是不是因为沙子太热了，鸵鸟才会交替使用双脚站立，以免被热沙子烫伤。其实鸵鸟喜欢单脚站立，是另有原因的，绝不是怕被热沙子烫伤脚。因为鸵鸟的双脚结构特殊，每一只脚只长了两个向前伸的脚趾，脚趾下面长了一层厚厚的肉垫，而厚肉垫是由一层较厚的角质蛋白构成，隔热效果非常好。鸵鸟拥有一双这样的脚，根本不怕热沙子烫，还能在沙漠中快速飞奔。

鸵鸟是胆小鬼吗？

鸵鸟常常会将脖子贴在地面上，每当遇到惊吓或发现敌情时，会迅速将脖子平贴于地面，好像埋进沙子里，这是鸵鸟的一种自我保护的本领。因为鸵鸟长有一身暗褐色的羽毛，羽毛卷曲时，看起来就像岩石或者灌木，这时敌人很难发现它们。

其实，鸵鸟把脖子贴于地面，并不是生性胆小，反倒是一种生存的智慧。它们通过这

一动作可以听到远处的声音，一旦发现敌人，就可以提前避开危险；同时也能够让疲劳的颈部肌肉得以放松，相当于在做“瑜伽操”呢！

猜猜看

鸵鸟为什么总是抬着头吃东西？

鸵鸟在觅食时总会不时抬起头来，四处张望。这真是一种奇怪的生活习惯，难道其中有什么缘故吗？是的，任何一种动物的生活习惯，都是适应生存环境的结果。鸵鸟的颈部很长，它在啄食时，必须先将食物聚集在食道的上方，形成一个食物球后再缓慢地将其吞下，而这个过程很容易遭到敌人进攻，所以鸵鸟吃东西时抬起头来，四处张望，既是为了吞咽食物，也是为了保护自己。

企鹅是鹅还是鸟呢？

企鹅可以说是地球上最可爱的小动物，所以描绘南极的动画片纷纷问世，如《马达加斯加》、《美丽的大脚》等，片中故事精彩，小朋友看得十分开心。小朋友，你对企鹅知道多少呢？

为什么叫企鹅？

企鹅分布在南半球，由于人类主要居住在北半球，所以人类很晚才发现它。1488 年葡萄牙水手在靠近非洲南部的好望角第一次发现企鹅。到 18 世纪末期，科学家才定出了 6 种企鹅的名字。世界上共有 18 种企鹅，大部分定名是在 19 世纪和 20 世纪。

企鹅身体肥胖，原名是“肥胖的鸟”。因为它们喜欢族群出现，站立在岸边伸头远眺，好像在企望着什么，因此，人们便把这种肥胖的鸟总称为企鹅。

企鹅是鹅吗？

“鹅鹅鹅，曲项向天歌，白毛浮绿水，红掌拨清波。”这是许多小朋友都会背诵的一首唐诗，小朋友也因此知道了鹅的样子。

让我们仔细看一看企鹅与鹅有哪些不同。

企鹅不像鹅有长长的脖子，也没有雪白的羽毛。企鹅腿长在身体的最下部，能呈直立姿势。企鹅脚趾间有蹼，肢成鳍状，羽毛短，以减少摩擦和湍流，羽毛间存留一层空气，用以隔绝体热的流失。背部黑色，腹部白色。企鹅不同种类的区别在于头部色型和个体大小。

企鹅是海洋鸟类，不会飞翔。它们在陆地、冰原和海冰上栖息。在企鹅的一生中，生活在海里和陆上的时间约各占一半。

企鹅在陆上行走时，行动笨拙，脚掌着地，身体直立，依靠尾巴和翅膀维持平衡。遇到紧急情况时，能够迅速卧倒，舒展两翅，在冰雪上匍匐前进；有时还可以在冰雪的悬崖、斜坡上，以尾和

翅掌握方向，迅速滑行。

企鹅虽然是鸟类，却擅长游泳，企鹅用鳍肢作为推进器。需高速前进时，常常跳离水面，每跳一次可在空中前进 1 米或者更远。成年企鹅的游泳时速为 20 ~ 30 千米，比一般的捕鲸船还快。还有很多人认为它们是鱼和鸟之间的过渡动物。

企鹅还擅长跳水，能跳出水面 2 米多高，并能从冰山或冰上腾空而起，跃入水中，潜入水底。因此，企鹅称得上是游泳健将、跳水和潜水能手。

企鹅也为“房”痴狂

南极最多的企鹅是阿德里企鹅。它们有个很有趣的现象，当阿德里企鹅要结婚时，它们虽然没有地方去领结婚证，但却和人一样遵守一夫一妻制的原则。企鹅在产卵生宝宝之前，会先筹建一个爱巢，它们用小石子围成一个窝的形状，这样可以有效地防止卵的滚动。

南极是冰天雪地，不好找到小石子，于是小石子便成了稀少物品。如果雄企鹅企图去偷窃邻居家的小石子，就会被邻居毫不客气地赶出来，这时，雌企鹅会悄悄地和它们的男邻居达成友好关系，邻居们就会送几颗小石子给雌企鹅。

企鹅的“老家”在哪里？

企鹅为什么要选择冰天雪地的南极洲作为自己的家园呢？企鹅的“老家”是在南极洲吗？

目前，生物学家正在探讨这个问题，现在只得出一些推

论。科学家认为，企鹅最初也是一种会飞的动物，来自冈瓦纳大陆。南极大陆是2亿年前从冈瓦纳大陆分离出来的，朝南缓缓漂移，被飞翔在空中的企鹅祖先发现了，它们经过仔细观察、讨论，认定这里是它们栖息的乐园。几十万年过去了，南极大陆漂到现在的位置，企鹅为了适应生存环境经历了脱胎换骨的变化，成为现在的企鹅。

猜猜看

企鹅的脚为什么不怕冻？

企鹅是现存生物中最不怕冷的鸟类，能常年生活在 –60℃的冰天雪地中。主要是企鹅全身羽毛密布，皮下脂肪层厚达二三厘米，能降低散热量，让体温保持在 40℃左右。企鹅的脚虽然没有防寒的羽毛，却不会冻伤，原因是寒冷时它的身体会减少脚部的血液流量；在较暖时则会增加脚部的血液流量，所以企鹅的大脚不怕冰雪和冰冷的海水。

鸟类王国中的“裁缝专家”

小朋友们穿的衣服真是太漂亮了，那你知道这些漂亮的衣服是怎么做出来的吗？这可要归功于做衣服的裁缝们，是他们用灵巧的双手给我们做出了一件件好看的衣服。其实，不光人类会缝纫，在自然界中，还有一种会做针线活儿的小鸟呢！是不是觉得有点不可思议呢？那就一起随我去看看这种鸟儿高超的缝纫技术吧！

会缝纫技术的是什么鸟儿呀？

在我国的南部、印度和亚洲东南部的热带、亚热带森林的树上或者灌木丛中，经常可以看到一种身躯娇小、尾巴很长的小鸟，因为它会将一些植物的叶片缝起来，给自己建造一个精巧的鸟巢，所以人们便给它们取了一个十分形象的名字——缝叶莺。

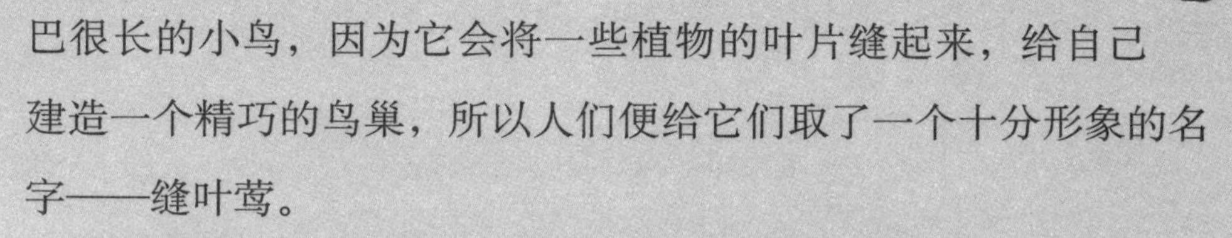

每年春天，雌雄缝叶莺就会纷纷飞出来寻找伴侣，双双结伴，在公园、果园、树篱或灌木丛中一起建造自己的安乐窝。由于缝叶莺具有独特的缝纫技术，所以它筑的鸟巢在鸟的王国里是最为特别的，它也因独特的筑巢本领而闻名于世。

缝叶莺长得好看吗？

缝叶莺和莺同属一科，它的体态和羽色跟莺很相似。由于它长得小巧玲珑，性情活泼，所以十分招人喜爱。

长尾缝叶莺比麻雀稍小，有着长长的尾巴，身体总长约

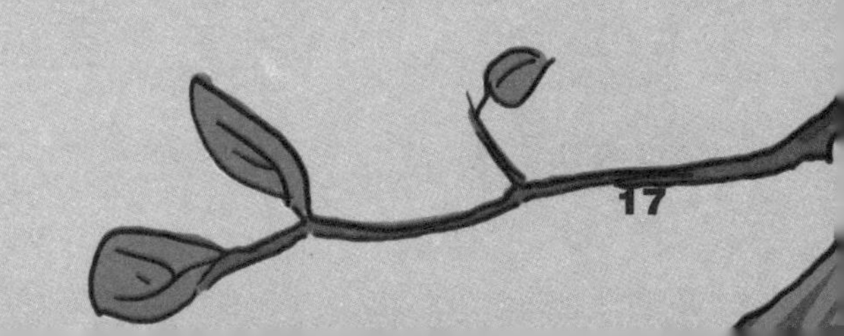

11 厘米，仅尾巴就有 5 ~ 6 厘米那么长，几乎占了整个身体的 1/2。它的头顶呈红褐色，眼睛四周，包括眉纹都是鹅黄色的，头部则是白色的。上体的羽毛是鲜艳的橄榄绿色，其他羽毛的颜色则是暗淡的黄褐色。缝叶莺的喙细长而且微微弯曲，喙的顶端还特别尖，它的两脚又细又长，不过却十分强劲有力。

缝叶莺是怎么做“针线活儿”的？

缝叶莺一般在每年的 4 ~ 8 月之间开始交配，为了给即将出生的宝宝建造一个温馨舒适的家，莺妈妈便开始了繁忙的工作。

缝叶莺先选择好筑巢的地点，然后再找好筑巢的原材料，

接下来它就要开始它的拿手绝活儿了。它先选择一两片芭蕉、香蕉或者野牡丹等植物的叶片，利用蚕丝、蜘蛛丝、植物纤维，或者人们丢弃的细长线等作为锋线，用自己又长又尖的喙当缝针，再加上细长灵敏的双脚的配合，就开始穿针引线了。它在距叶缘一厘米多的地方，用喙打出一些小孔，然后再将细线穿进小孔。为了不使缝线松脱，缝叶莺还会像人类一样边缝边打结。缝好了一边，再缝另一边，最后缝成了一个口袋型的巢。

建造“新房”的后续工作

当然，仅仅缝好“口袋巢”还不够，筑巢的工作还没有结束。

我们知道，被缝成口袋的树叶的叶柄会因为干枯而折断的，这时又该怎么办呢？别担心，聪明的缝叶莺有妙招。它会用草茎把叶柄系在树枝上，这样既能防止叶柄折断，又避免了鸟巢被北风吹落，真是一举两得呀！

缝叶莺不仅聪明，而且还很细心呢！它为了避免雨水淋进巢内，还特地将鸟巢建造得具有一定的倾斜度，要是下雨了，雨水就可以顺着斜坡流下去。当然，缝叶莺也不会忘记将自己和鸟宝宝的新房弄得暖暖和和的，它会四处寻找枯草、羽毛和植物纤维，衔回来垫在窝里，将自己的新房做得既温暖又舒适。这样，缝叶莺的爱巢就算是彻底竣工了，它只等着鸟宝宝的诞生了。

缝叶莺是益鸟还是害鸟？

不用说你也能猜得到，像这么一位美丽、勤劳、聪明、细心的“裁缝专家”一定不会很坏的。的确不错，缝叶莺真是一种益鸟，它整天忙忙碌碌地捕捉花朵和树枝上的昆虫，帮助人们消灭了不少害虫，给大自然的美化做了不少贡献呢！

让别人帮自己养宝宝的坏鸟

森林中有一种鸟，不会建筑鸟巢，不会自己孵蛋，也不会捕食喂养小鸟，而是把自己的蛋下在其他鸟的巢中，让其他鸟帮它孵蛋，还要由其他鸟帮它喂养小鸟。这种鸟的品行怎么这么坏？让我们来看一看它是谁！

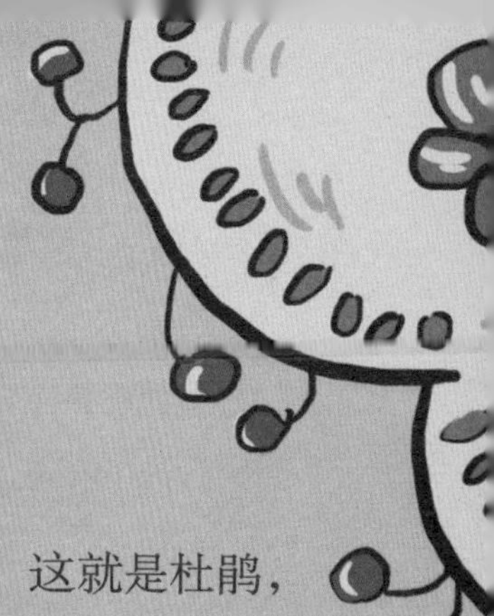

乘虚而入的“寄生”者

有一种鸟会“布谷，布谷”地叫着，声音动听，这就是杜鹃，又名布谷鸟。它虽然有着美妙的声音，但“恶习”也实在令人讨厌。

每年一到繁殖期，杜鹃就会飞出去寻找“产房”。它要找与自己形态、生活、起居基本相似的鸟。快产蛋前，杜鹃会飞到早已物色好的其他鸟巢中，一旦老鸟离巢，它就迅速乘虚而入，将鸟巢的蛋衔在嘴里，然后生下自己的蛋，给自己的蛋宝宝找到一个舒适的家。由于经常做这种“坏事”，杜鹃能十分娴熟、敏捷地完成这一系列动作，用时不过一分钟，“寄主”一般很难发现。更令人生气的是，杜鹃不但偷偷地在别人家里产卵，为让“寄主”不发现，还会偷偷地把它们的卵带走，然后在一个安静的角落里美餐一顿，这是多么自私又可怕的行为啊！

世界上约有 50 种杜鹃在别的种类的鸟窝里下蛋，这种巢寄生的现象，使杜鹃落得了一个“不愿抚养亲生孩子”的坏名声。

天生的“坏孩子”

刚刚孵出的小杜鹃也很“坏”，品行不端，它会趁“养父母”不注意时把头钻到其他鸟蛋的底下，然后将它们逐个移到巢边，抛出巢外。不仅如此，有些刚孵出的幼鸟，也被小杜鹃毫不怜惜地推出巢外。小杜鹃之所以能这样做，是因为它们的鸟背上长有一个触觉灵敏的“小突起”，只要被“小突起”碰到，都会立即被其推出鸟巢。就这样，小杜鹃为安然地独享“养父母”的抚育，把其他小鸟杀掉了。“养父母”并不知道自己的亲生子女已惨遭不幸，仍然辛勤地喂养这个超级能吃的“杀子凶手”。

为谁辛苦为谁忙？

小杜鹃每天吃得非常多，长得也非常快，出生10天后就从光着身子的小家伙变成羽毛丰满的小杜鹃了，甚至比喂养自己的“养父母”还要大。

20天后，小杜鹃已长成幼鸟，鸟巢已容纳不下了。于是它就飞到巢旁的树枝上，仍然理直气壮地像个嗷嗷待哺的小宝宝一样，等“养父母”把食物送到嘴里。面对胃口越来越大的小杜鹃，“养父母”不知为此花费了多少精力。

30天后，小杜鹃就会被藏在附近的生母带走，再也不回来了。可怜的“养父母”，空忙了一个夏天，却不知到底为谁辛苦、为谁忙碌。

杜鹃如何保护自己的胃？

松毛虫是松树的大敌，它也是许多鸟类不喜欢吃的害虫，只有杜鹃喜欢吃松毛虫，把它当做美味。这是人们喜欢杜鹃的唯一优点。有人观察过，一只杜鹃每小时能捕食 100 多条松毛虫。另外杜鹃也食其他农林害虫，所以人们又称它是“森林卫士”。

由于松毛虫身上不仅有毛毛，而且还藏着毒刺！这种毒刺非常容易伤胃。但杜鹃却不以为然，原来杜鹃的胃壁上同样也长了毛毛，可以保护胃，还可以帮助消化呢！这样神奇的胃，可是杜鹃所特有的哦！

猜猜看

人们为什么喜欢杜鹃？

看似冷酷的杜鹃也有可爱的一面，它的饭量比较大，能吃掉大量的害虫，这恰好为农林业带来很大帮助。令很多鸟类望而生畏的松毛虫，正是杜鹃最喜欢的美餐。杜鹃一小时能啄食 100 多条松毛虫，为此深受林业工人的喜爱，亲切地称呼它们为“勇敢的森林卫士”和“捕捉松毛虫的能手”。另外，人们认为杜鹃日夜啼叫，能够催春降福，把杜鹃视为一种吉祥鸟。

飞起来发出嗡嗡声的鸟

说到蜜蜂，小朋友肯定都很熟悉，因为我们常吃的蜂蜜，就是由蜜蜂勤劳采集的。老师还经常告诉我们，小朋友要像小蜜蜂每天采蜜一样，才能把知识学到手。小朋友，你知道有种形体很小的小鸟也以采花蜜为生吗？我们一起去看看它吧！

为什么叫蜂鸟？

这种小鸟因飞行时会发出嗡嗡声而得名。

蜂鸟飞行时为什么会发出嗡嗡声？原来是蜂鸟飞行时两翅快速有力地扇动，频率很高，所以才会发出嗡嗡声。

蜂鸟体型很小，是世界上最小的鸟；还有一种红喉北蜂鸟，体重约3克；即使是蜂鸟中体型最大的巨蜂鸟，其体重也只有20多克。

蜂鸟的飞行本领高超，能够通过快速扇动翅膀悬停在空中，也是唯一可以向后飞的鸟。蜂鸟仅分布在南、北美洲，我国没有这种鸟。

蜂鸟的羽毛一般为蓝色或绿色，下体较淡，有的雄鸟具有羽冠或修长的尾羽。雄鸟中，绝大多数为蓝绿色，也有的为紫色、红色或黄色。雌鸟的羽毛较为暗淡。

蜂鸟是护花使者吗？

蜂鸟因飞行时翅膀要快速扇动，消耗掉大量的体能，所以特别能吃，每天进食超过自身的体重。由于蜂鸟每天必须采食数百朵花，所以蜂鸟会极力维护好自己的蜜源，即便是配偶也不让接近。

雄蜂鸟会在花丛中建立起自己的觅食领域，会站在附近的高树枝上发出鸣叫，以此来警示远处正打算入侵的同类。如果入侵者对此置之不理，一场“肉搏战”就会展开。一般而言，打斗给对方的伤害不太严重，只是偶尔会看到身上的某个地方没了羽毛，这便是这场战争的代价了。

蜂鸟也有采不到花蜜的时候，为此，蜂鸟能在夜里或不容易获取食物时减慢新陈代谢速度，进入一种类似冬眠般的状态，称为“蛰伏”。在“蛰伏”期间，心跳的速率和呼吸的频率都会变慢，以降低对食物的需求。

嘘！你听它们在说什么？

对于蜂鸟，可以用“先闻其声后见其影”来描述。在栖息地通常能听到它们悦耳的叫声和哨声，声调较尖，一次鸣叫不会超过半秒。鸣声一般在找吃的，或是站在树顶观察是否有敌情时便会发出，似乎是在说：“此树为我栽，此花为我开，要想食此蜜，休怪我无理。”

当你接下来听到一连串具有攻击性的啾啾声时，表明那边正发生一场“领地维护战”，这些响亮的叫声就是明证。

爱洗澡的“乖孩子”

蜂鸟爱洗澡，每天要沐浴多次。但蜂鸟洗澡方式并不相同，有的蜂鸟会坐在浅水中，如同麻雀一样泼水；有的蜂鸟像人们蒸桑拿一样，只是站在瀑布边的岩石上，等着湿气和水花从上面飘下来；还有多种蜂鸟会在潺潺流过森林的小溪上空盘旋，然后突然来个俯冲，让整个身体几乎浸入到水中，这样的动作能反复多次。

卵色不同的秘密

蜂鸟每年只会产下2枚椭圆形的卵，蛋壳为白色，壳上无斑点。但有一种中美洲纹尾蜂鸟，产卵竟然是粉红色的。经研究发现，初产的卵壳也是白色的，后来变成粉红色，是巢衬里的红色橡木苔所致。每到雨天，雨水就会把这种色素附着在卵或是雌鸟的腹羽上，可以永久改变小蜂鸟的颜色呢！

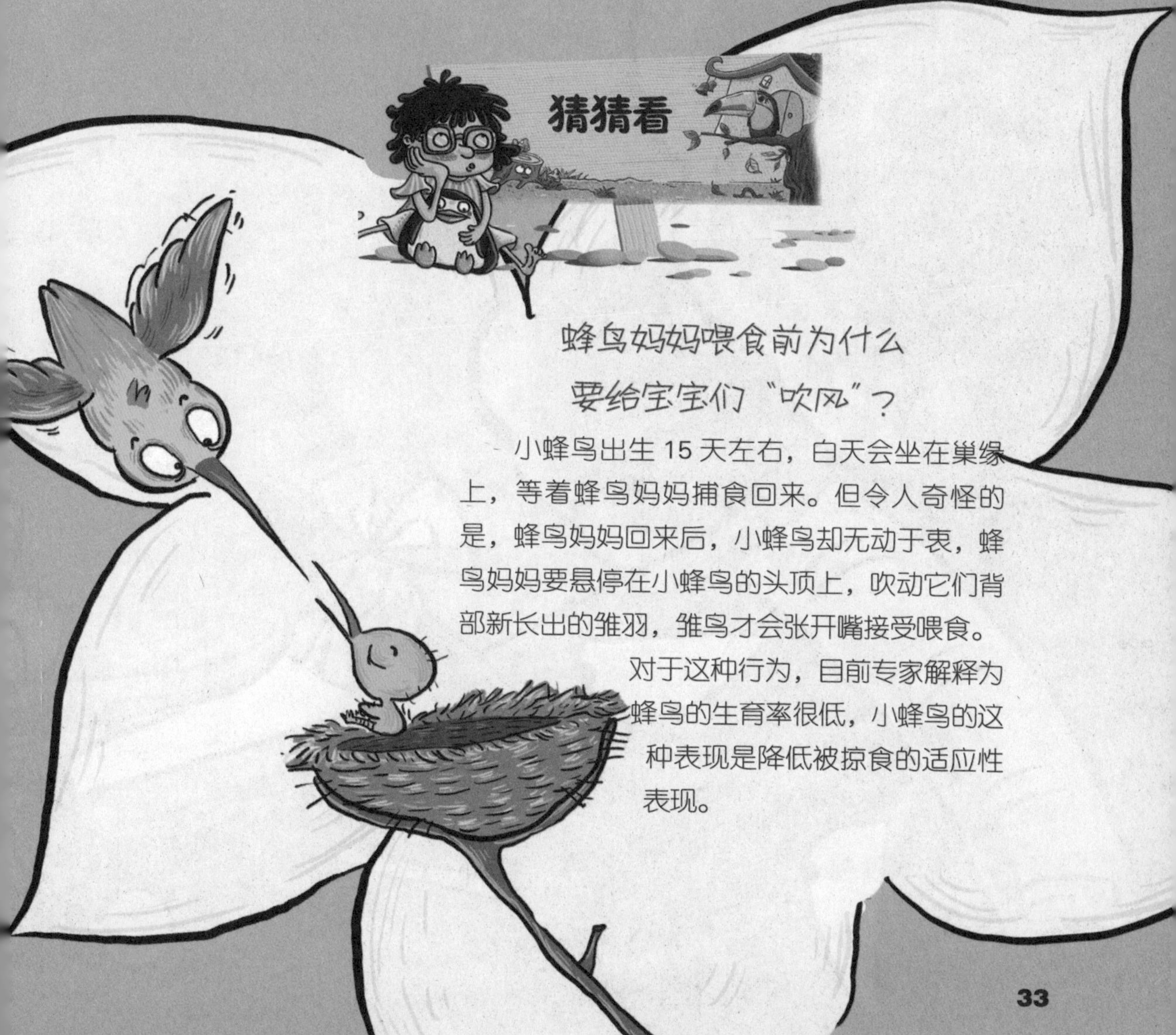

蜂鸟妈妈喂食前为什么要给宝宝们“吹风”？

小蜂鸟出生15天左右，白天会坐在巢缘上，等着蜂鸟妈妈捕食回来。但令人奇怪的是，蜂鸟妈妈回来后，小蜂鸟却无动于衷，蜂鸟妈妈要悬停在小蜂鸟的头顶上，吹动它们背部新长出的雏羽，雏鸟才会张开嘴接受喂食。

对于这种行为，目前专家解释为蜂鸟的生育率很低，小蜂鸟的这种表现是降低被掠食的适应性表现。

咚咚咚，森林医生很忙碌

小朋友都知道人、动物、植物和昆虫都会生病。人生病后可以请医生来医治，自然界中的动物生病后该怎么办呢？它们当然有自己的治疗办法。大自然创造了无数生活习性不同的生命，不同的生活习性，形成了自然界协调互补、相互依存的生存关系。这就是大自然的奇妙之处。

森林中的免费医生

森林中有一种啄木鸟，以啄食树皮或钻到木中的昆虫为生。这样，啄木鸟在捕食的过程中获得了食物，同时又为树木消除了虫害的困扰，使树木重获健康。因此，啄木鸟被视为森林中的免费医生。

通常我们会在树干上发现啄木鸟啄食过的洞穴。洞穴常有啄木鸟吃剩下的昆虫和蜘蛛，可供其他小型鸟类觅食。同时还为许多以洞穴为巢、以虫为食的鸟类提供了繁殖和栖息的居所。啄木鸟为很多鸟类提供了方便，间接地给众多昆虫和鼠类带来生存压力，让它们再无安宁之日，从而保护了整个森林的健康。

啄木鸟是如何捕食的？

啄木鸟是捕食昆虫的高手，它有许多办法捕捉危害树木的昆虫。当然，在树叶、树枝和树干上的昆虫，啄木鸟会准确啄食，这是许多鸟儿都会的。但许多小昆虫也很聪明，它们会躲藏在树

皮裂缝的深处，在那里安家生活，一般的鸟儿也拿它们没有办法。然而，啄木鸟却依然能够捕捉到它们，因为啄木鸟长有一副非常厉害的喙，它的喙细长，并且能够伸到树皮缝里剥落部分树皮，可以轻而易举地捕食躲藏在树皮裂缝深处的各种昆虫。

有的啄木鸟还会先在树干上钻出圆孔，然后将舌头伸进去捕捉树皮下或木质中的昆虫。更有脾气暴躁的啄木鸟，它们干脆砍凿或撬起大片的树皮，给藏在深处的昆虫来个措手不及。

啄木鸟是益鸟还是害鸟？

啄木鸟因能捕食寄生在大树上的昆虫，被誉为森林医生。

啄木鸟捕食寄生在大树上的昆虫，毕竟只是一种惯有的生活习性，这种生活习性有时也会为人类带来一些麻烦，如：有的啄木鸟会啄破灌溉用的管道，有的啄木鸟会在木电线杆上打起洞来，还有一种大斑啄木鸟会将巢穴筑到人们的房顶，把原本好好的屋顶啄破，这让人们十分懊恼。美洲有一种白背啄木鸟，喜欢在柔软的腐木上觅食昆虫，它们时常偷偷钻进种香菇的场所，在培养香菇的腐木上觅食昆虫，当然也会把辛苦培育的香菇搞得一团糟。这使得种植香菇的农民十分愤恨！

这样看来，可爱的啄木鸟又多少有些“不懂事”了！但它们的确在自然界发挥着重要的作用，所以我们在防范它们“不乖”的同时，还是将其归类为益鸟啦。

“恋宗”的啄木鸟

大多数啄木鸟都属于定栖性种类，它们会在同一个领域内生活很长时间。如果啄木鸟决定放弃某个领域，多半是因为食物来源减少而不得不迁移。

啄木鸟对自己的巢穴也钟爱有加。啄木鸟不会每年都重新凿穴营巢，一个旧洞穴都要用上若干年，只有当啄木鸟遭到寒鸦和椋（liáng）鸟驱逐时，才会不得不重建新家，而建造一个新的洞穴一般需要 10 ~ 28 天才能够完成。

会跳舞求婚的鸟

小朋友，你听过园丁鸟吗？它生活在新几内亚及澳大利亚等地。这种鸟的名字怪怪的，不知道这是一种什么鸟？为什么会有这样奇怪的名字？

园丁鸟会建屋子哦！

几内亚及澳大利亚等地有一种园丁鸟，身材结实，脚爪强健，喙粗厚，体型在椋鸟和小型鸦之间，以食果实为主。

园丁鸟的羽毛柔如锦缎，但雌鸟与雄鸟的羽毛颜色完全不同：雄园丁鸟是黑色的，在阳光下，它的羽毛会闪烁出微微的蓝光；雌园丁鸟的羽毛是浅绿色和黄色的。

科学家对园丁鸟有浓厚的兴趣，是因为这种鸟展现了动物进化过程中性选择的力量。达尔文指出，大多数动物都是由雌性选择雄性，选择的标准则是雄性具有吸引它的外形和派头。大多数园丁鸟则是一夫多妻制，雄园

丁鸟会建起装饰精美的屋子来吸引雌鸟，成为验证性选择学说的最佳物种。

天才艺术建筑师

在生物学家的眼中，园丁鸟是 “与人类最为神似的鸟类”，认为园丁鸟具有审美情趣以及模糊的文化意识。这些在人类以外的物种中极少出现。

例如，雄园丁鸟为求配偶，挖空心思建造“求偶亭”，求偶亭的结构非常复杂，而且在挑选建材和布置方面也极具考究。雄园丁鸟还会用很多的装饰物来点缀自己的房子，装饰很有品位，比如摆放花朵、树叶、果实、蘑菇、锡箔和塑料等，当它们看到漂亮的虫子，也会为装饰房屋而把它们弄死，这是其他鸟不会做的事。

已知的 20 种园丁鸟中，有 17 种都会为求偶而搭建巢穴，搭出的巢穴类似藤架或凉棚，屋前还有精心修饰的平台。有

的会搭棚屋状的小巢，有的鸟巢像一个小花园，周围用树篱围起来，点缀着各色的饰物。

园丁鸟为什么要舞蹈呢？

园丁鸟很懂得生活情趣、讲究生活品位，特别是雄园丁鸟，非常讲礼貌，每当有雌园丁鸟来到它们搭建的求偶亭前，雄园丁鸟就会兴高采烈地围着亭子转圈圈，如同小朋友跳的圆圈舞一般。这是雄园丁鸟在向雌园丁鸟介绍“洞房”的华美。

如果雌雄园丁鸟不反感，雄园丁鸟就会更加兴奋，不时变换着舞步，跳出绚丽的求婚舞，并用嘴捡起各种精致的收藏品来给雌园丁鸟观赏，直到赢得了雌园丁鸟的爱慕，它才会停止表演，携雌鸟双双进入“洞房”。

园丁鸟现在还好吗？

由于人类对森林的大面积砍伐，导致园丁鸟栖息地被破坏，有几种曾广泛分布在澳大利亚的园丁鸟已失去了家园。调查发现，到目前为止还没有某一种类濒临灭绝，大部分园丁鸟的数量都还比较稳定。

园丁鸟的寿命有多长？

园丁鸟一旦长大后，平均寿命相当长，一般成年园丁鸟的寿命均能达到 20 ~ 30 年。但园丁鸟的成长过程非常漫长，通常一只雄鸟出生后，需要经历 7 年的风吹雨打，才能长齐成鸟的羽毛。

人人怜爱的
相思鸟

红豆经常被人称为“相思子”，用来比喻男女之间的相思之情。而在动物里，有一种鸟也被人称为“情鸟”、“恋鸟”，它就是相思鸟。那为什么给它起这么一个名字呢？它长什么样子呢？接下来，我们就一起走近相思鸟，去认识认识它们吧！

相思鸟名副其实

相思鸟名字的由来可不是空穴来风，它完全是名副其实。

原来，雌相思鸟和雄相思鸟总是形影不离，对伴侣极其忠诚，即使一对相思鸟被人们关在鸟笼里，它们也会在笼中的栖杠上互相亲近，嬉笑打闹。因此，相思鸟备受人们喜爱，被视为忠贞爱情的象征，故为其起名为相思鸟。

相思鸟还被称为恋鸟，在西方被叫做“乃丁格”（情鸟）。

关于相思鸟的凄惨传说

传说，在很久以前，有个老员外有个既漂亮又有才华的女儿——“翠儿”。

一天，翠儿出去游玩，遇上了一位英俊潇洒的书生，两人互相爱慕，但是，老员外嫌他贫穷，死活不同意他们的婚事，并阻止他们相见，后来还派人将书生的眼睛弄瞎了，并把他送到了偏远的地方。书生找不到回去的路，而翠儿就这样苦等了他三年，最后又被员外逼着去嫁给另外一个男人。翠儿不从，最后竟疯了。她疯疯癫癫地在外面乱跑，竟然跑到了书生所在的村子，但是两人到死都没有相见。

后来有人发现了他们写的相思诗，才知道他们是一对互相相思的恋人，便把他们葬在了一起。在他们死后，村子里忽然出现了两只鸟，这鸟的叫声特别凄惨，就像是在诉说心中的思恋。人们认为这两只鸟就是书生和翠儿的化身，便为这两只鸟起名为相思鸟。

你能分辨出这两种相思鸟吗？

相思鸟有两种，一种是银耳相思鸟，一种是红嘴相思鸟，它们的外形很相似，那我们怎样才能区分出这两种鸟呢？

银耳相思鸟头顶黑色，耳羽银灰色，嘴巴是黄色的，因此又被称为“黄嘴玉”；红嘴相思鸟上体呈橄榄绿色，下体呈橙黄色，它和银耳相思鸟最明显的不同就在于嘴巴的颜色，它的嘴巴是红色的，因此它又有“红嘴玉”、“红嘴绿观音”的称号。所以我们在区分它们的时候，只要看看它们嘴巴的颜色就可以很准确地分辨出来了。

我国有相思鸟吗？

银耳相思鸟和红嘴相思鸟的生存环境大致相同：银耳相思鸟喜欢栖息于海拔 2000 米以下的常绿阔叶林、竹林和林缘灌丛地带；红嘴相思鸟喜欢生活在海拔 1200 ～ 2800 米的山地常绿阔叶林、常绿落叶混交林、竹林和灌木丛地带，冬季时红嘴相思鸟也怕冷，这时它们就会到海拔 1000 米以下的山脚、平原与河谷地带，偶尔还会飞到人们生活的庭院和农田附近的灌木丛中呢！

相思鸟的生存环境决定了它的家园所在地，幸运的是，我国也有相思鸟的家。银耳相思鸟主要分布在贵州南部和云南西部、南部、东部及广西南部和西藏东南部。红嘴相思鸟的家园主要在甘肃南部、陕西南部、长江流域及浙江、福建、四川、广西等南方各省。

可爱的
大嘴巴鸟

世界上有许多形体特征奇怪的鸟，真让人大饱眼福。在拉丁美洲热带地区，分布着一种大嘴巴鸟，以亚马逊河下游最丰富，共有6属41种。

巨嘴鸟吃东西时总是先用嘴尖把食物啄住，然后仰起脖子，把食物向上抛起，再张开大嘴，准确地将食物接入喉咙里，这样食物就不必经过那张很长的大嘴。

长着巨大嘴巴的家伙

这个长着巨大嘴巴的家伙是巨嘴鸟，学名鵎鵼（tuokōng），多为中型攀禽，外形略似犀鸟。最具特点的部位是有一个巨大而绚丽的喙。雄巨嘴鸟的喙最大，与身体十分不协调。但是这恰恰成为艺术家喜欢它的亮点，在许多艺术作品中，巨嘴鸟都频繁亮相，成为美洲热带森林的传统象征。

这个巨嘴沉不沉？

从巨嘴鸟的体型上来看，那张大嘴实在太大了，带着一副那么沉重的嘴四处飞行，巨嘴鸟会不会很辛苦呢？

其实，巨嘴鸟的喙非常轻，重量不足 30 克。巨嘴鸟的嘴骨构造很特别，它不是一个致密的实体，外面是一层簿壳，中间贯穿着极细的纤维和多孔的海绵状组织，充满空气，因此，它丝毫感觉不到沉重的压力。但巨嘴鸟的喙也非常脆弱，有时还会破

碎。不过有些种类的巨嘴鸟的喙有明显缺失后，依然能够生存很长时间。

会打劫的巨嘴鸟

巨嘴鸟通常以食果实为主，当果实不够了，或者偶尔需要改善生活时，也会吃一些昆虫和某些脊椎动物。有一些非常活跃的巨嘴鸟，它们有时会成双结队地一起出去捕食蜥蜴、蛇或者鸟的卵以及雏鸟等。当它们决定一起“打劫”鸟巢时，那些鸟常常会被那五彩斑斓的巨喙吓得魂飞魄散，一动也不敢动，完全丧失了攻击的本能。

只有在巨嘴鸟起飞离开后，它们才会想起愤怒，于是鼓足勇气开始反击，甚至会踩在飞行中的巨嘴鸟的背上，直到巨嘴鸟要着陆时才会谨慎地撤退。

贪玩儿的小家伙

巨嘴鸟喜欢玩游戏，在捕食之余也会劳逸结合一下。一些巨嘴鸟此时会相聚在

一起，其中两只首先登场，它们捕食用的喙此时就成了“短兵相接”的游戏道具，当两喙紧紧相扣时，就像拳击比赛一样相互推搡，直到一方自动认输后，第一轮游戏才算结束。之后会有另一只上场，将喙指向胜者发起挑战，获胜者就会再次迎战。还有另一种游戏，是由一只巨嘴鸟抛出一枚果实，然后另一只在空中将其接住再抛出由第三只接住，以此类推，看谁接不到为止。

这些看似简单的游戏，其实与巨嘴鸟在同类中确立地位及个体支配有着很大关系，而且还会影响到日后的“婚姻大事”。

巨嘴鸟都生活在一起吗？

巨嘴鸟分为群居种类和不群居种类。即便是群居的巨嘴鸟，也不会像鹦鹉一样密密麻麻地一拥而出，而是零星地排成一列。巨嘴鸟喜欢与配偶栖于高处的树干和树枝上，在雨天时，它们还会到树洞里用积水洗澡。巨嘴鸟常与配偶相互喂食，看起来十分浪漫。但是巨嘴鸟栖于枝头时并不和配偶紧挨在一起，而是用长长的喙轻轻地给对方梳理羽毛。

猜猜看

幼时的巨嘴鸟与成年时有什么区别？

当巨嘴鸟还是雏鸟时，它们总是盼望自己快快长大，羽翼早一天变得丰满。此时，它们的毛色还较为暗淡，直到成鸟后，它们的毛色才会十分艳丽。雏鸟的喙相对较小，也不见锯齿状和垂直的基线，整个喙需要有一年以上的成长时间。此后，喙的大小和特征才和成鸟的喙一样。

形象美丽 举止优雅的鹤

中国人喜欢丹顶鹤，认为它是长寿、吉祥和高雅的象征，又称其为“仙鹤”。丹顶鹤性情温和，形态美丽，素以喙、颈、腿“三长”著称，直立时可达一米多高，看起来仙风道骨，被称为“一品鸟”，地位仅次于凤凰。除此之外，鹤在中国的文化中占着很重要的地位，它跟仙道和人的精神品格有密切的关系。

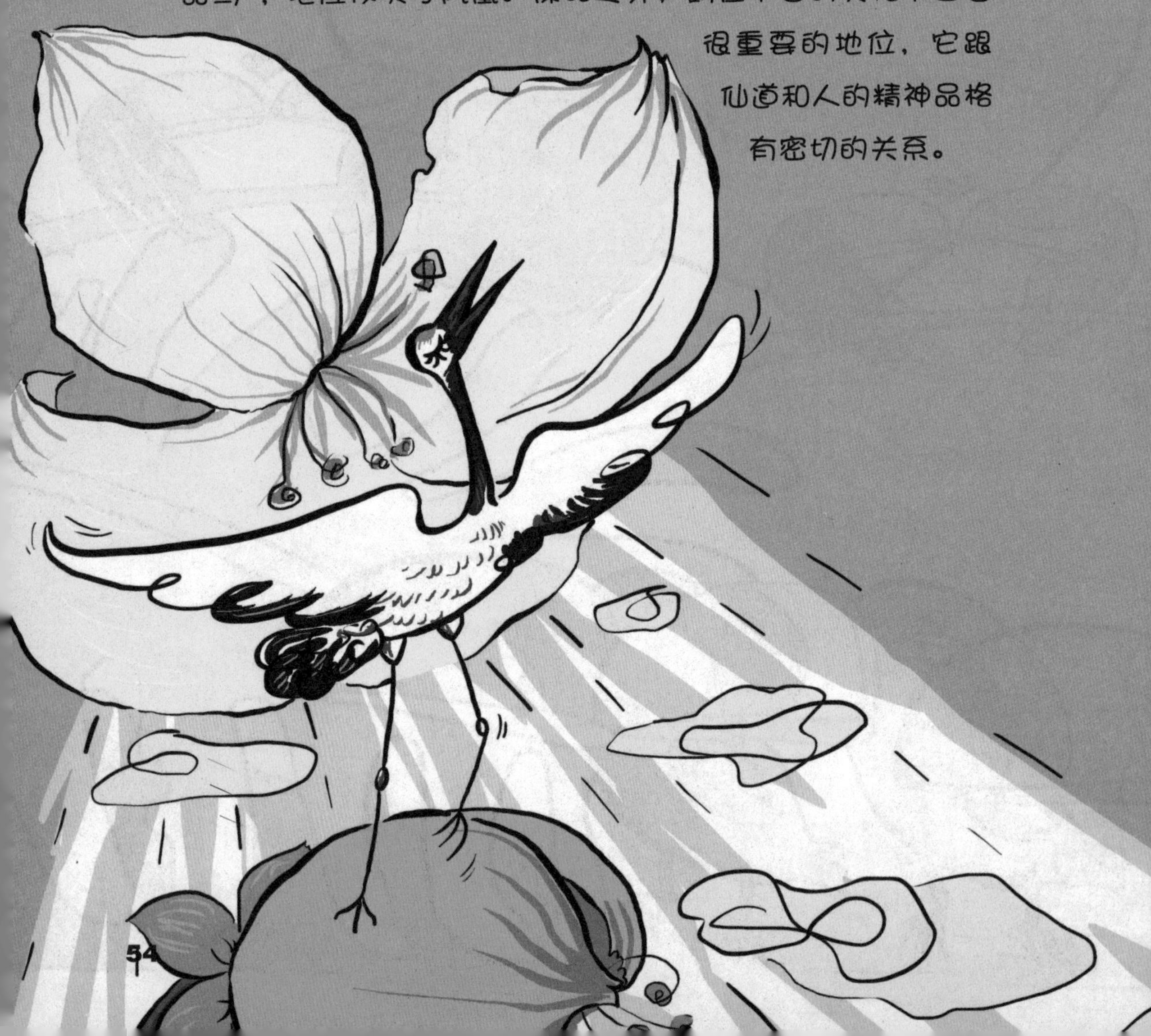

鹤是单腿睡觉的吗?

鹤是鹤科鸟类的通称，是一些形象美丽、举止优雅的大型涉禽。鹤是最古老的鸟类之一，起源于 5000 万年前的古新世。因为鹤的寿命很长，人们爱称之为仙鹤，也用来作为长寿的象征。

世界上有鹤 15 种，中国有 9 种，是鹤类最多的国家，全部是中国的国家重点保护野生动物。我国 9 种鹤即丹顶鹤、灰鹤、蓑羽鹤、白鹤、白枕鹤、白头鹤、黑颈鹤、赤颈鹤、沙丘鹤。其中最为著名的是丹顶鹤，数量最多、分布最广的是灰鹤，个体最大的是黑颈鹤，最小的是蓑羽鹤，最少见的是沙丘鹤。其余几种也比较少见。

鹤主要栖息在沼泽、浅滩、芦苇塘等湿地，以捕食小鱼虾、昆虫、蛙蚧（jiè）、软体动物为主，也吃植物的根茎、种子、嫩芽。善于奔驰飞翔，喜欢结群生活。鹤睡眠时常单腿直立，扭颈回首将头放在背上，或将尖嘴插入羽内。

鹤在我国属迁徙鸟类。除黑颈鹤与赤颈鹤生活在青藏、云贵高原外，其余鹤类均生活在北方，每年十月下旬迁至长江流域一带越冬，第二年四月春回大地时再飞回北方。

鹤已成仙

我国历史上有许多关于鹤的记载，由于人们对鹤喜爱至深，在神话传说中赋予它们“仙”的形象。在传说中，鹤常与仙人隐士为伴，因此鹤成为仙道的象征。在电视剧《西游记》中，太白老君们的坐骑就是丹顶鹤。即便是现代，很多动物学著作中仍称它为“仙鹤”。

鹤为什么象征着父子关系？

中国画中通常会以鹤与松树、鹤与鹿，鹤与凤、鸳鸯、苍鹭和黄鸽为主题。

画鹤与松树，表示人的寿命像鹤与松树一样长久。

画鹤与鹿，表示“六合同春”，也就是天下太平、长治久安。

画鹤与凤、鸳鸯、苍鹭和黄鸽，名“五伦图”，表示人与人之间的五种社会关系。其中，鹤象征着父子关系。原因是每当鹤发出长鸣时，小鹤会附和着一同鸣叫。

鹤真的会成仙归去吗？

将鹤比喻成仙，只是表达人们对鹤的崇拜之情，其实“仙”是不存在的。

鹤类以水生动物为食，湿地在不断地退化和消失，这些都给鹤类的生存带来极为严重的威胁。在美洲生活的美洲鹤，在20

世纪 40 年代初期仅剩 20 只左右，目前野生和人工的美洲鹤加在一起也不过几百只，因此，美洲鹤被视为鹤中最珍稀的种类。

中国人较熟悉的丹顶鹤，野生的也仅有 2000 只左右，还有白鹤、白枕鹤、黑颈鹤、肉垂鹤和白头鹤等，数目都不是很多。如果人们还不重视保护鹤的生存环境，也许有一天，鹤真的会“成仙归去”呀！

较幸运的是，近年来许多亚洲国家都在通过各种方法来保护鹤的生存环境，同时也通过大量的技术手段对濒危的鹤类进行孵化。

丹顶鹤怎么过冬呢？

每年秋天，是丹顶鹤迁徙的季节，这时它们要准备从东北繁殖地搬家到南方去过冬。日本北海道那里的鹤没有迁徙的习惯，可能是因为在冬天寒冷时节，那里的人们会有组织地给鹤投喂食物吧，有了充足的食物，它们就不想搬家了。需要迁徙的丹顶鹤则会排成“一”字或“V”字形，挥动着翅膀向南方飞去。

象征和平的鸽子

鸽子是我们人类传承祝福和寄托和平的精神之友，它也是鸟类被人中培养得最成功的种族，它们安逸地生活在这个没有天敌侵害的城市，以人类为伴。而它们一路走来似乎被很多的传奇事件所包围，让我们来回顾一下吧！

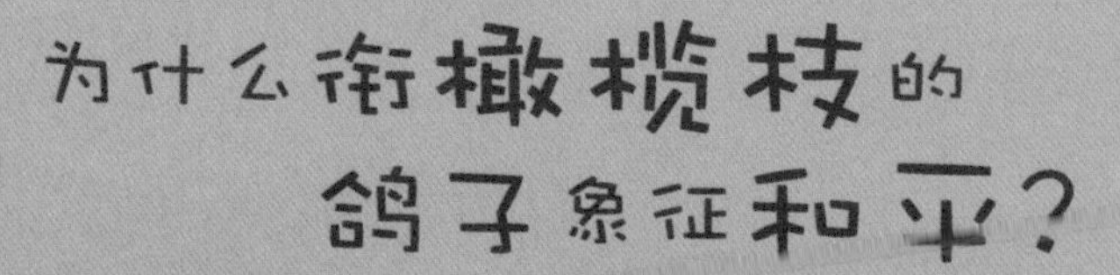

为什么衔橄榄枝的鸽子象征和平？

嘴里衔着橄榄枝的鸽子象征和平，来自宗教传说。在《圣经·创世纪》中有一篇“诺亚方舟”的后续故事，在这个故事里，嘴里衔着橄榄枝的鸽子，成为了和平的象征。

故事讲述的是一场即将来临的灾难。上帝为了惩罚不敬仰他的人类，要发起一场大洪水，诺亚一家人一直信仰上帝，于是上帝事先告诉他建造一艘方舟躲避水灾。诺亚建好方舟后，乘着它漂流到亚拉拉特的山顶，诺亚想要搞清楚山下洪水的情况，于是派鸽子飞到山下去探看，并以鸽子回来时嘴里是否衔着橄榄枝为记号，表明山下的洪水是否退去。后来人们就用嘴里衔橄榄枝的鸽子，表示和平。

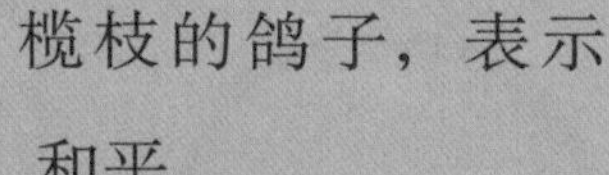

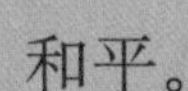

为什么鸽子是和平的象征？

在 19 世纪曾发生过一场战争，敌人对很多村庄展开了大规模的扫荡。其中一个村庄里有一位画家，当他忧愁地坐在屋子里发呆时，邻居老伯走进来，手里拿着一只死去的鸽子。老伯流着眼泪说道：“我的孙子正和鸽子玩耍，可恶的敌人竟然把他杀害了，连这只鸽子也没有放过。画家先生，麻烦您给这只鸽子画幅画吧，我想留作纪念。”画家听后悲愤极了，他边安慰老伯，边挥舞着画笔，很快地画好了这只鸽子。多年之后，画家有机会把这幅画送给了当地的和平组织，从那时开始，人们把鸽子看做是和平的象征。

为奥运会拉开大幕的鸽子

当鸟巢上空飞出一只只白色的鸽子，表示北京奥运会正式拉开了帷幕。那么，人们又是从什么时候开始在奥运会开幕式上放飞鸽子的呢？

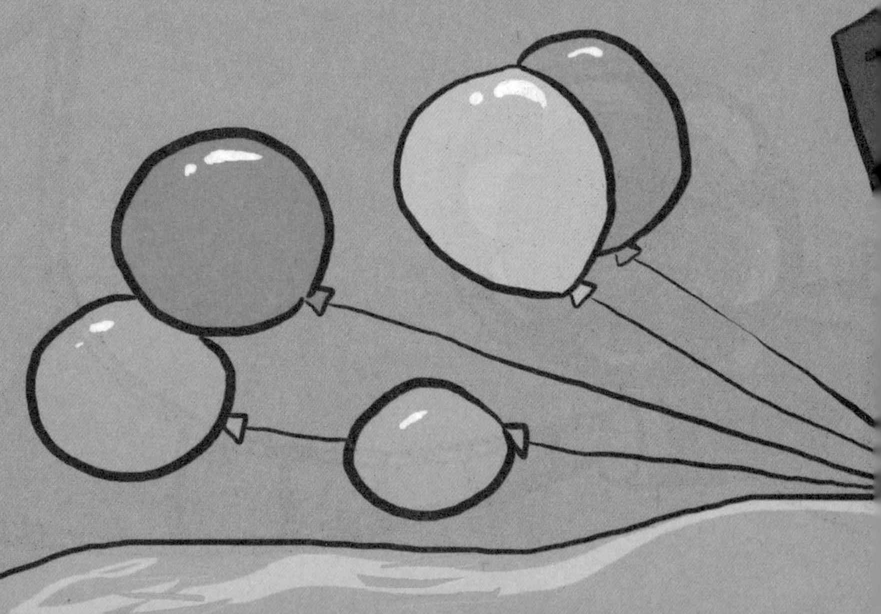

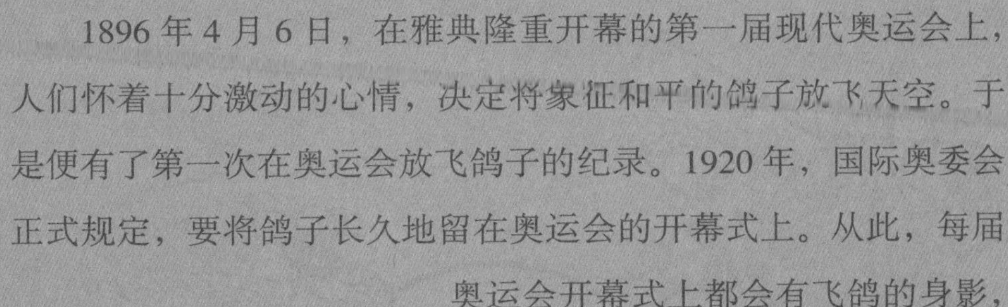

1896年4月6日，在雅典隆重开幕的第一届现代奥运会上，人们怀着十分激动的心情，决定将象征和平的鸽子放飞天空。于是便有了第一次在奥运会放飞鸽子的纪录。1920年，国际奥委会正式规定，要将鸽子长久地留在奥运会的开幕式上。从此，每届奥运会开幕式上都会有飞鸽的身影，鸽子也成为人们传递和平的期望。

远飞的鸽子是怎么回家的？

根据鸟类学家的观察发现，鸽子的上嘴喙上有一处凸起，而这凸起处还长着一种能够感应地

球磁场的细胞。当鸽子在进行长途飞行时，通过这些感应细胞就能够帮助它们测量出地球磁场的变化和纬度的不同。不仅如次，通过它还能够让鸽子很好地辨别飞行的方向，从而找到回家的路。

另外，科学家研究发现，鸽子有超强的记忆力，以及非常灵敏的视觉和嗅觉，它们能够准确地记住巢穴所在的地理环境和周围的标志性物体，比如天上的太阳、星星，地上的建筑、山脉，甚至海岸线，都是鸽子的自然“导航仪”。鸽子还有一个绝佳的本领，它们能迅速地分辨出不同的气味和声音，这在它们认路回家时也起着重要的作用。

谁用鸽子的粪便来染发？

随着社会的发展，人类越来越不满足单一化的生活了，包括人们头发的颜色，一成不变的黑色总让很多人感觉到刻板，于是人们发明了多种染发剂。

你知道历史上第一款染发剂是什么东西吗？我想一旦把答案讲出来，一定会使很多人觉得难堪，也一定不会有人愿意尝试。最早的染发剂出现在古罗马时期，人们采集鸽子的粪便作为染发剂，为自己染出金黄色的头发。这事听起来的确有些神奇哦！

中国最宝贵的鸟

说到国宝动物，小朋友们都会想到熊猫。但很少有人知道，中国还生活着另一个国宝，它们不吃竹子，能够飞翔，但它们却几经灭绝，深受世界的关注。那么，你想不想认识一下这位重要的朋友呢？

谁被称为“东方的宝石”？

这位朋友就是朱鹮（huán），它在鸟类中素有“东方宝石”之称，目前已被世界鸟类协会列为“国际保护鸟”。

朱鹮神态优雅，体形端庄，相貌很美，长喙、赤颊、凤冠，洁白的羽毛下还夹着一抹丹红，顺着颈部披散着长柳形羽毛，身高约 80 厘米，全身的色调柔和而美丽。

朱鹮平时栖息在一棵高大的树木上，肚子饿了才会飞到水田、沼泽或山区溪流处，捕食蝗虫、青蛙、小鱼、田螺或是泥鳅等。

朱鹮在中国的分布

在 20 世纪 30 年代，朱鹮分布区域达 14 个省（区）。北自黑龙江兴凯湖，南至河北、山东、辽宁、浙江、福建、台湾，西自河南、山西、陕西、甘肃省。

20 世纪 50 ~ 60 年代中期，在甘肃、陕西等地还能见到零星或集群的朱鹮。到 20 世纪 70 年代，朱鹮的身影消失了，人们以为它们已经绝迹了。

1981 年 5 月，中国科学

院动物研究所的科研人员，在陕西秦岭南麓洋县的姚家沟、金家河发现了 7 只朱鹮。这一发现在全世界引起了很大的轰动，于是很快得到了国际野生动物组织的关注，为拯救这一濒危物种带来了新的希望。

东渡的朱鹮感动日本

日本视朱鹮为国鸟。日本最后一只朱鹮死去后，日本人十分伤心。一些日本人也在自省：既然国家在很多方面都能做到世界领先，为什么却保护不了朱鹮的生命呢？

朱鹮在全世界都属于稀缺动物，日本曾多次希望能从中国得到朱鹮，以弥补国人心里的那道伤疤。后来日本天皇访华时，郑重地向我国领导人提出这个愿望，于是一对珍贵的朱鹮“友友”和“洋洋”开始了东渡日本的行程，一路上专车监护，并举行了隆重的赠送仪式，这似乎比昭君出嫁时还要风光。1998 年，一则好消息从日本传到了中国：“友友”和“洋洋”成功地哺育了第一只后代，这在日本引起不小的轰动，也让所有关注朱鹮的人再次看到了希望。

朱鹮为何换新衣？

当朱鹮处于繁育期时，羽毛就会出现神奇的变化，会渐渐变成一身灰色。原来这是它保护自己的一种“障眼法”。朱鹮从头到尾换上了深浅不一、犹如野战兵穿的迷彩服一样的羽毛。当朱鹮的羽毛在变化时，连专业的动物专家也难以认出。后来才得知，朱鹮还是朱鹮，只是为了适应生存环境，它们不得不收起了自己洁白的羽毛，以一种低调的灰色外表抛头露面。

朱鹮也是一夫一妻制吗？

朱鹮在动物王国中素有“贞夫烈妇”之誉！它们不管春夏抑或秋冬，都会双双出来散步。无论是夕阳西下，潺潺溪边，刺骨严寒，白雪皑皑，它们都恪守着人类一直向往的天荒地老，海枯石烂，始终身影相伴。如果一方突然死去，另一方则会抑郁寡欢，悲鸣不断，最终也将追随逝者而去。

最大的“鸟房子”是谁的家园？

人人都有自己的家，鸟儿也有自己的巢窝，那世界上最大的鸟巢是什么鸟儿建造的呢？这种鸟的生活习性是怎样的呢？下面，我们就一起走进北美洲，去了解了解这种能造“大房子”的鸟儿吧！

哇！好大的鸟！

在北美洲有一种当地特有的大型猛禽，它的体长可达1米，展开双翼能有2米多长，这种体型庞大的鸟就是美国国鸟——白头海雕。

成熟海雕的眼睛、嘴巴和脚丫子都是淡黄色的，头、颈和尾部的羽毛都是白色的，其他部位均为暗褐色，“白色海雕”这个名字也正是得益于它体羽的颜色。别看白色海雕体型庞大，但是其体重却很轻，大约只有5～10千克，这是因为它有一副轻薄而中空的骨架，空隙中充满了空气，骨架的重量还不到羽毛重量的一半呢！也正因为有这么轻的体重，所以海雕才会飞得更快、更高。白色海雕的寿命约为15～20年，其体型大小还会随着年龄的不同而变化，年轻的海雕因为有较长的尾羽和翅羽，所以比成年的海雕个头要大。另外，雌海雕的个头一般比雄海雕略大一些，大大的个头可以让它更好地保护自己的鸟巢和幼鸟。

白头海雕的捕猎武器

白头海雕的捕食方式同军舰鸟很像，在自己找不到食物时，就会去抢其他鸟类或者同类的食物,尤其喜欢欺负比自己个头小的鹗。当它看到鹗的嘴里叼着食物时,会猛地飞过去，鹗被吓得急忙丢下食物，海雕疾速用嘴叼住正在下落的食物，美美地享用一顿。

白头海雕有一双非常强壮而且很大的脚（约有 15 厘米长），这是它捕杀猎物的强力武器。海雕的足底十分粗糙，这可以帮助它抓紧那些滑溜溜的猎物，例如鱼、蛇等。白头海雕最厉害的武器是脚上的那 4 个足趾上的利爪，其中最有力的是后足趾上的后爪。当白头海雕捕获到猎物时，它的后爪像一把匕首一样“唰”地一下就插到了猎物体内，而且还往往刺穿其要害部位，比如心脏或肺部。如果雕爪还不能彻底杀死猎物的话，海雕会使出它的另一杀手锏——雕喙，它只用猛地一啄，猎物就彻底归西了。

由于白头海雕和别的鸟一样是没有牙齿的,所以它在捕获猎物后,必须用钩状的喙将猎物撕成一块一块的碎片，然后再吞进肚子。

大大的眼睛可真亮

在所有动物中，鸟类的色觉是最好的，而白头海雕的视觉却要比它的色觉还要好，其视觉的清晰度，比人类的视觉还要清楚至少三倍。良好的视觉为它们捕食猎物提供了大大的便利，它能够更为清楚地发现猎物十分隐蔽的藏身处。

为什么白头海雕会有超乎寻常的视觉能力呢？这可要归功于它那双大眼睛了。白头海雕的眼睛实在是太大了，大得都不能使眼睛转来转去了。那这样的话，它的眼睛看到的范围不就小了吗？当然不会，海雕长有许多颈骨，可以让颈部灵活地转动，它的头部可以转动 270 度呢！灵活的颈部恰恰弥补了眼睛不能转动的遗憾，可以让它看到四周的景致。

猜猜看：为什么叫它“秃鹰”？

有人称白头海雕为“秃鹰”，可是海雕的身上明明长着很多羽毛啊，人们为什么这么称呼它呢？原来，这只是人们的感官而已。白头海雕的白色的头部和颈部同身上的羽色形成鲜明的对比，远远望去，就好像是没长羽毛一样，给人一种“光秃秃”的感觉，所以俗称为“秃鹰”，当然，这可是不科学的叫法哦！

世界上飞行速度最慢的鸟

提及雨燕、军舰鸟，它们无疑是飞行速度最快的鸟类；要是说到飞行速度最慢的鸟类，鸵鸟、几维鸟、企鹅等鸟类连上榜的机会都没有，因为它们压根儿就不会飞。在能飞行的鸟类中，飞行速度最慢的莫过于小丘鹬了。那它到底飞得有多慢呢？这种鸟儿又长有怎样一副面容呢？下面，我们就一起去瞅瞅这位“慢飞冠军”吧！

一睹“慢飞冠军”的尊容

小丘鹬又叫美洲丘鹬，属于小型涉禽鸟类，其躯体短而粗，身体肥胖，雌鸟体长约28厘米，体重225克，雄鸟略小。小丘鹬上体呈锈红色，带有黑色、暗色及灰黄色横纹；下体呈白色，并有很多暗色横斑；尾羽是黑色的，散布有锈色红斑，喙又长又尖。它与别的鸟类最大的区别是：其眼睛在头部的位置要比其他鸟都靠后，视野为360°。

小丘鹬多栖息于海岸、沼泽及河川等潮湿地带，主要分布于北美洲、欧洲和亚洲大部分地区。在我国东北北部和新疆天山等地繁殖，迁徙时各地都可以看见。

它到底飞得有多慢呢？

刚出生不久的小丘鹬体重约有65克，相当于成鸟体重的1/4。小丘鹬可以自行飞行，有人测得它飞行的时速约为8千米，比长跑运动员的速度还要慢。令人吃惊的是，它能长时间保持这种缓慢飞行速度飞行，绝不会失速，堪称世界上飞得最慢的鸟类。

小丘鹬的妈妈好伟大

小丘鹬的胆子很小，白天隐藏在山林中，只在黄昏或拂晓才飞出去觅食，就连雌雄约会时也要在黑暗中偷偷摸摸地进行。太阳落山后，雄鸟高飞鸣叫呼唤雌鸟，雌鸟听到雄鸟的呼唤后，便会飞到地面上与其结为伴侣。

小丘鹬一般在春季繁殖，实行一雄多雌制。雌鸟在产卵前先用树枝和树叶筑好巢，通常筑于树脚下，每窝产卵3～4枚卵，由雌鸟单独孵化，孵卵期一般为22～24天。雏鸟孵出后，鸟妈妈会小心翼翼地守护在巢内，看护着它的小宝宝。如遇到危险情况，鸟妈妈的母性大发，它会用两条腿夹起一只雏鸟一起飞走，等转移到安全地方后，鸟妈妈又会飞回巢内，用同样的方法把巢中所有的雏鸟一一转移，使它们免遭不幸。

丘鹬以什么为食？

小丘鹬喜爱潮湿环境的习性注定了它的食物要以潮湿地带的生物为主，它主要以蚯蚓为食，有时候也吃鞘翅目、鳞翅目和双翅目等昆虫的幼虫，还有蜗牛、淡水螺蛳等，偶尔也会尝尝植物根茎、浆果和种子等食物。

可是蚯蚓生活于深深的泥土下，小丘鹬是怎么把它们捉到手的呢？原来，小丘鹬有它自己的诀窍，它先用脚敲敲地面，蚯蚓听到敲击声就会被引诱到地表。当蚯蚓刚刚露出小头，小丘鹬那长而敏感的喙就一口将蚯蚓死死夹住，迅速从泥土中拖出。接下来，小丘鹬就可以美美地饱餐一顿了。

猜猜看

小丘鹬为什么飞那么慢呢?

我们知道，人要是太胖了，走路、跑步就会很慢，这是因为身上赘肉多，行动不便的原因。有人说，小丘鹬飞得慢的原因也是它胖胖的身体造成的。这种小涉禽虽然不高大，但是特别能吃，它吃的食物一般都能达到其体重的两倍。小小的身体拖着那么多赘肉，简直就成了一个小肉团，像这么胖的小胖墩，自然就很难飞快了。

难道还有会弹琴的小鸟？

听说澳大利亚和新西兰，有一种“琴鸟”，不知道这个名字由何而来，难道还有会弹琴的小鸟吗？我们一起去探探究竟吧！

琴鸟名字的由来

1798年2月，几位探险家到达了澳大利亚的新南威尔士山区，听说在那里能够找到一种美丽的鸟。为此，他们不辞辛苦，翻山越岭，不知经历了多少艰险，终于找到这种不知名的鸟。

这种鸟大小似公鸡，全身像是穿着黄丝绸衣，尾羽很发达，长在最外侧的两根尾羽竟然长达0.6米，上面缀有白斑和美丽的V字形赭斑；另有14根尾羽，每根长长的羽轴两侧都生长着如细丝般的羽片。由于这么多的尾羽沉沉地坠于身后，严重地影响了它的飞行，因此探险家们很容易就捕到了它。探险家们认为它就是他们要找的山区雉（zhì）。

科学家们开始研究这种鸟，发现这种鸟的外形虽然很像雉类，如体形大小相近、腿粗壮、有发达的脚趾和长而直的爪，但它们身体的内部结构不同，这种鸟长有一个原始的鸣管和一条较长的胸骨，说明这种鸟更像是鸣禽。琴鸟为了美丽付出的代价是极其巨大的。占身体比例很大的尾羽给飞行造成了障碍。飞行困难的琴鸟翅膀逐渐退化，取而代之的是能够健步如飞的强

壮的双足，使琴鸟由飞禽逐渐向走禽过渡。

更奇特的是，这种鸟长着 14 根修长的尾羽，几乎占身长的2/3，尾羽展开很像一把七弦琴的形状，因此鸟类学家给其定名为琴鸟。

琴鸟有大琴鸟、华丽琴鸟和艾伯特亲王琴鸟三种，仅分布于澳大利亚和新西兰。艾伯氏琴鸟，是以英国维多利亚女王的丈夫——艾伯特亲王的名字命名的。但艾伯氏琴鸟没有华丽琴鸟一样的尾羽，但是身体下半部同样有丝质的美丽羽饰。

模仿其他动物鸣叫的专家

琴鸟不仅有出众的外表，还有模仿其他动物鸣叫的本领。它们能模仿其他鸟叫，模仿家畜的叫声，还能向鹦鹉一样学人类说话，甚至就连锯木头的声音和车辆的喇叭声，它们也能逼真地模仿出来。这一现象引起了很多动物学家的关注。经统计，琴鸟能够模仿的声音不下数十种，歌声婉转动听，舞姿轻盈合拍，面对这一成绩，相信就连人们十分宠爱的巧嘴八哥恐怕也要自叹不如了。

琴鸟还是歌舞表演家

琴鸟是一位杰出的歌舞表演家。每到繁殖季节，雄琴鸟就会在雌琴鸟面前展示自己的美丽，不停模仿其他动物的鸣叫，还要跳起华美的舞蹈，以这种方式博得雌琴鸟的青睐。雌琴鸟比雄琴鸟长得更为漂亮，羽色也更加艳丽，这在禽鸟界也是少见的，因为一般雄鸟要比雌鸟长得更漂亮。

更有趣的是：琴鸟不仅在自己求爱时唱歌跳舞，还会应好朋友园丁鸟的邀请，在园丁鸟求爱仪式上时唱歌跳舞，充当婚宴上的“乐队”。原因是园丁鸟不会唱歌，可是婚宴这么隆重的场合没有音乐怎么行呢？于是只好向琴鸟求助，琴鸟当然会欣然接受。

琴鸟建造大量土丘做什么？

每到繁殖季节，雄琴鸟就会在林间空地上建造十几个相似的土丘，这让人们觉得很奇怪。后来经过鸟类专家的观察和分析，才知道雄琴鸟这样做的原因。

原来这些土丘是雄琴鸟为自己的领域所做的标记，警告其他雄琴鸟不得侵入。等一个个小土丘建造成后，雄琴鸟便开始炫耀表演。表演时间一般是在清晨或黄昏。表演开始时，雄琴鸟先站在树上亮开嗓门高声大叫，仿佛是在招揽观众，然后飞下树干，登上土丘顶部，选好位置，便开始一串宏亮的鸣啭，唱到忘情之际，它的尾羽便逐渐张开并向上竖起形成七弦琴形。雄琴鸟的表演实际是一种求偶炫耀行为，是为了吸引雌鸟，达到交配的目的。由于琴鸟是“一夫多妻”制，在一个繁殖季节里，一只雄琴鸟要多次表演，分别同被招来的若干只雌鸟交配。

的怪家伙

在非洲和亚洲的热带大陆，生活着一种性格奇特的犀鸟，它们会把自己封闭在洞穴内很长的时间，故此有人笑谈，犀鸟肯定是患上了自闭症。可是真正的原因是什么呢？

长着眼睫毛的大鸟

在非洲和亚洲的热带雨林里，有一种珍贵而漂亮的鸟，身长约 70 ～ 120 厘米，嘴大，为身长的 1 ／ 3 或一半。眼睛大大的，在眼皮下长着粗长的眼睫毛。犀鸟最大的特点是它那张大嘴，它那张一尺多长的大嘴和嘴上托着的钢盔状的突出物——盔突，像犀牛鼻子上的角一样，故名犀鸟。

犀鸟是长寿鸟，一般寿命约 30 ～ 40 岁，最高寿命可达 50 岁。

是飞机还是犀鸟？

我国西双版纳有一种斑犀鸟，体型庞大，飞行速度较慢，飞翔时翅膀发出极大的声响，就像天上过飞机一样。犀鸟飞累了，停在树顶上休息时，嘴里不时地发出响亮而粗犷的鸣叫声，连续不断，能传出很远，如同马嘶一般。

犀鸟为何给自己关“禁闭”？

其实，这是雌犀鸟为保护自己和它们未出世的宝宝的一种方式。每当进入繁殖期，犀鸟就会改变以往的群居生活，成双飞离，去过它们的“二人”世界了。

雌犀鸟先要在高大的树干上寻找树洞，找到满意的树洞后，就会独自飞进洞内开始布置新家，之后，产下1～4枚纯白色的卵，雌犀鸟就不再出来了。这是为什么呢？

原来雌犀鸟在孵化期要换羽毛，根本没有办法飞行，于是各种家务就靠雄犀鸟了。雄犀鸟频频地叼来渣土、果实残渣等，雌犀鸟守在洞中，用自己的黏液

掺和渣土，把洞口逐渐封闭，仅留一个能伸出嘴取食的缝隙，把自己和宝宝一同关在洞里。

雌犀鸟在洞内孵卵，雄犀鸟则要一刻不停地捕食、喂食。夜晚栖息在洞外的树上，站岗放哨，警惕妻儿受到敌人的侵害。大约 28 ~ 40 天后，第一只幼雏才能出壳，由于卵不能同时孵化，所以幼雏出壳的时间就会间隔很长。直到最后一个幼雏出壳后，雌犀鸟才会停止对自己“禁闭”，与伴侣一起外出采集食物。因为雏鸟的胃口越来越大，仅靠爸爸一人的劳动是不足以维持一家人的温饱的。

犀鸟是非洲人崇拜的偶像

由于犀鸟特殊的繁殖习性，一些保守传统的非洲土著居民把它们作为贞洁的偶像加以崇拜。甚至还有人在死去犀鸟的喙上刻下祭文，供奉在自己家中，像个虔诚的信教徒一样早晚参拜。在这里，犀鸟和当地的居民通过精神上的沟通，相处得十分融洽。

犀鸟一共有多少种？

犀鸟属于热带森林鸟类，在全世界一共生存着 45 种，它们主要分布在非洲及亚洲南部。我国也有犀鸟的栖息地，它们生活在云南西部和南部，另外在广西南部也有出现。在中国生活的 4 个种类分别是：双角犀鸟、冠斑犀鸟、白喉犀鸟、棕颈犀鸟，它们均已被列为国家二级保护动物。

鸟类中的飞行冠军

在鸟的王国中，有一种鸟的名字很奇怪，竟然以“军舰”为名。我们都知道，军舰是一种在海上执行战斗任务的海军舰艇，可鸟儿是飞在天上的，它和海中的军舰又有什么关系呢？是不是很好奇呀？那还等什么？赶紧随我一起去了解一下这种奇特的鸟儿吧！

快来呀！一起去瞅瞅军舰鸟

军舰鸟体长为 75 ~ 112 厘米，展开的双翅各有 170 ~ 230 厘米；嘴巴又尖又长，顶端还有一个弯弯的小钩；尾巴呈叉状；双脚短小，几乎无蹼；成鸟的体羽一般都是全黑色的，喉部有一个裸露在外的喉囊。雄鸟求偶时为了展示自己的魅力，会将喉囊鼓起并呈现出鲜红色。

军舰鸟是鹈形目军舰鸟科 5 种大型海鸟的通称，包括华丽军舰鸟、白腹军舰鸟、阿岛军舰鸟、白斑军舰鸟、黑腹军舰鸟。其中，白腹军舰鸟是军舰鸟中最珍贵的种类，一般在印度洋游荡，有时会进入中国南海，是我国的一级重点保护动物。

为什么给它取名为“军舰”呢?

军舰鸟之所以能有这么一个霸气，与众不同的好名字，还要得益于它的生活习性。

军舰鸟有着高超的飞行本领，它既可以在高空翻转盘旋，又能飞速地直线俯冲。凭借这身绝技，它经常在空中袭击那些叼着鱼的海鸟。当它发现目标时，会不由分说地凶猛地冲过去，被攻击者被它的英勇吓得惊慌失措，急忙丢下口中的鱼落荒而逃。这时，军舰鸟急冲而下，凌空叼住正在下落的鱼，并马上吞入肚中。

由于这种海鸟的掠夺习性，早期的博物学家就为它起名为“frigate-bird”，在现代汉语中“frigate”有护卫船的意思，后来，人们就干脆简称它为“军舰”了。另外，由于军舰鸟的这种“抢劫”行为，它又得到了一个很不好听的名字——海盗鸟。

什么？它还是“飞行冠军”？

军舰鸟长有一对长而尖的翅膀，而且又有极为发达的胸肌，非常善于飞翔，它飞行时犹如闪电，捕食时的速度最快可以达到418公里/小时，比现在动车的时速还要快很多，是世界上飞行速度最快的鸟，素有“飞行冠军”之称。

军舰鸟不仅飞行速度极快，而且飞得还特别高，最高能达到1200米。另外，军舰鸟的耐力也是令人赞叹的，它可以不停歇地飞4000公里左右。除此之外，军舰鸟还有一种“临危不惧”的好心态，即使突遇12级的狂风，它也不会乱了阵脚，总是能够安全地脱离危险。

和睦的军舰鸟之家

在繁殖季节，军舰鸟雄鸟会向雌鸟求爱。它们抬着头，上下嘴片不停地碰撞，发出“哒哒哒”的声音，然后大口大口地吸气，将喉囊鼓成一个鲜红的大气球。这时，雌鸟就开始选择自己的“如意郎君”了。等到双方成双成对后，“夫妻俩”就开始为自己即将出世的小宝宝筑巢了。

雌鸟出去寻找细枝，雄鸟负责用细枝搭窝，“夫妻俩”和和气气地很快就将鸟巢建好了。巢建好后，雌鸟便在窝中产卵并孵卵，而雄鸟这时也不会闲着，它会出去为雌鸟寻找食物，由于孵卵期长达约45天,所以很负责的雄鸟还会替“妻子”孵卵20天左右。在“夫妻俩”的共同努力下，幼鸟终于破壳而出了。

出世后的幼鸟是很幸福的，它的“爸爸”和“妈妈”会一直守护着它，直到将它抚养长大。如果有人将手伸向它们的巢，它们会用大嘴咬住人的手腕，奋不顾身地去保护自己的孩子。

猜猜看

军舰鸟除了吃小鱼，还吃什么呀？

军舰鸟虽然飞行速度超群，但是也不能保证它天天好运，每天都能从别人嘴里抢到食物。如果没有抢到小鱼，军舰鸟又该以什么为食呢？

军舰鸟一般生活在海岸边，当它看到有鱼跳出水中时，就会迅速从天而降，抓获水中的猎物。但是它的羽毛没有油，不能沾水，否则就会被淹死。所以，它从海中捕获的猎物是远远不够它食用的。还好，军舰鸟并不挑食，如果没有鱼吃，它也会食用那些爬到岸边的软体动物、小海龟或者其他小鸟等，即使是腐烂的食物它也不在乎。

会报警的金丝雀

很多小朋友都知道金丝雀是名贵的宠物鸟，它们漂亮可爱，声音婉转动听。有人在矿井中也养了一只美丽的金丝雀，难道矿工们也都喜爱听它鸣奏的乐曲吗？

名贵的宠物鸟

金丝雀是名贵的宠物鸟，以羽色美丽和鸣叫动听出名，有 24 个品种，在国内外皆被列为高贵笼养观赏鸟之一。

金丝雀原产于北非西部大西洋海域中的加纳利群岛，虽然从地理位置来看，加纳利群岛属于非洲大陆，但早已是西班牙在海外的两个行省。

金丝雀体长 12 ～ 14 厘米，像麻雀般大小，作为宠物的金丝雀都是人工培育品种，有黄色、白色、绿色、橘红色、古铜色等羽色，叫声也比原种好听，以雄鸟爱鸣叫。

我国自 19 世纪 40 年代起从外国引进金丝雀，但纯种不多。遗传性比较稳定的金丝雀有如下几种：颤音金丝雀、橘红颤音金丝雀、红金丝雀、卷毛金丝雀、月牙金丝雀、山东金丝雀、白色金丝雀。国内的金丝雀主要有“山东种”、“扬州种”和德国“罗娜种”三个品种。

上海地区以养“罗娜种”为主，此种鸟身体细长、羽色变化较多，有黄白、橙红、古铜、银灰等色。头颈的羽毛向四面外翻，翅膀有羽毛异色、两侧对称的对花，鸣声长而婉转，声调轻而柔。

地震报警器

金丝雀对空气中甲烷和一氧化碳浓度有高敏感度，因此金丝雀成为最早的煤矿安全报警器。如果煤矿中的金丝雀死去，矿工就需要尽快撤离矿洞，否则会有致命的危险。

欧洲有一家人养了两只金丝雀。一天夜晚，人们都相继睡去，谁也没料到很快将会有一场可怕的地震发生。对于气味和地震都颇为敏感的金丝雀却察觉到了，开始在笼中疯狂地扑着翅膀，大声地鸣叫，主人一家被惊醒了。男主人知道金丝雀不会无缘无故性情大变，意识到有危险，立即从床上蹦起来，打开二楼窗户，把家人一个接一个地从窗户抛下去，又把鸟笼也扔了下去。当全家离开房屋不久，强烈的地震就开始了，房倒屋塌，但这一家人得救了。

为什么金丝雀在美国当“保险”？

金丝雀在美国纽约曾一度荣登销量排行榜榜首，这是为什么呢？原来“9·11”恐怖袭击过后，全国上下人人自危，尤其是生活在纽约的人们，唯恐遭到恐怖毒气的袭击，后来传闻金丝雀可以在危难来临前发出报警，都纷纷前去宠物店购买养在家中。这样可忙坏了纽约市大大小小的宠物店。

羽毛亮丽的捕鱼高手

有一种鸟羽衣炫目，体态貌似啄木鸟，以捕鱼为生且被称之为捕猎高手。小朋友猜猜看，它是谁呢？它就是翠鸟。或许小朋友并不是很了解它，那么现在我们就一起去认识一下吧！

因羽色而著称的鸟

翠鸟的羽色十分亮丽，从额头到后颈是光泽的深绿色，并且布满了蓝色的斑点，从背部到尾部以绚丽的宝蓝色为主，羽翼则为带有蓝色斑点的绿色。腹部的颜色却是很鲜亮的橘红色，喉部有一个大白斑，而脚是红色。

翠鸟远看和啄木鸟很相像，因背部和面部的羽毛呈现翠蓝发亮的光泽，故得名翠鸟。

翠鸟有哪些种类？

翠鸟属于数量最多且分布最广的鸟类之一，它们广泛分布在世界各地。翠鸟分为水栖和林栖两大类型，在哺食时常喜欢伏击食物，猛然从天而降，给猎物一个措手不及。

翠鸟总能捕到数量较多的鱼，被称为“捕鱼高手”。其实翠鸟不仅以捕鱼为生，大多数的种类也经常捕食其他水生动物来丰

富自己的食物，而林栖翠鸟则以捕食各种各样的小动物为生，它们都分布在澳大利亚和新几内亚一带，其中最著名的要数笑翠鸟了，它们是较为常见、体型最大的种类，生活在丛林中的翠鸟以蛇和蜥蜴为食。

中国的翠鸟有三种：斑头翠鸟、蓝耳翠鸟和普通翠鸟，其中普通翠鸟较为常见。翠鸟常直挺挺地栖息在近水的低枝或岩石上，伺机捕食鱼虾等，因而又有鱼虎、鱼狗之称。

眼睛很特别的捕食能手

翠鸟大都有这样一个特征：眼睛里有两个中央凹陷的视网膜，并且其中一个凹陷的视网膜能为它们带来一个双目视觉，这样翠鸟的视野就能在正面重叠起来，而另一个凹陷的视网膜能在它们的头部一侧形成单目视野。

通常情况下，翠鸟在捕鱼时，它们单目中央凹陷的视网膜会最先发现猎物，然后头部就会立刻调整 60 度角伏击下去，同时头微微转动，这样猎物的像就映在了一只或两只眼睛中央凹陷的视网膜上，能够准确地计算出猎物的距离。

翠鸟是害鸟吗？

因翠鸟以捕鱼为生，所以翠鸟常被人们当做害鸟遭到猎杀。

翠鸟遭人捕杀的原因还在于翠鸟漂亮的羽毛。翠鸟背上、尾

巴上的羽毛在光线照射下会发出翠绿色的光芒，即使羽毛掉落了也不会褪色，因而用作工艺装饰品非常漂亮。明、清宫廷大量使用翠鸟羽毛制作首饰，用作画屏的配色，皇后带的凤冠上也用翠鸟羽毛做衬底，这些可以在故宫博物院、颐和园、定陵、长陵等宫殿内的摆设中看到。

猜猜看

笑翠鸟会笑吗?

悉尼奥运会的吉祥物就是笑翠鸟，它是澳洲的标志性鸟之一，同时也是最大的森林翠鸟。小朋友们肯定会奇怪，它们为什么叫笑翠鸟，难道它真的会笑吗?

笑翠鸟得名就是因为叫声很像怪笑，并且笑翠鸟的叫声通常会在凌晨或日落时分听到，故澳大利亚人称之为“林中居民的时钟”。

海洋上空的“滑翔机”

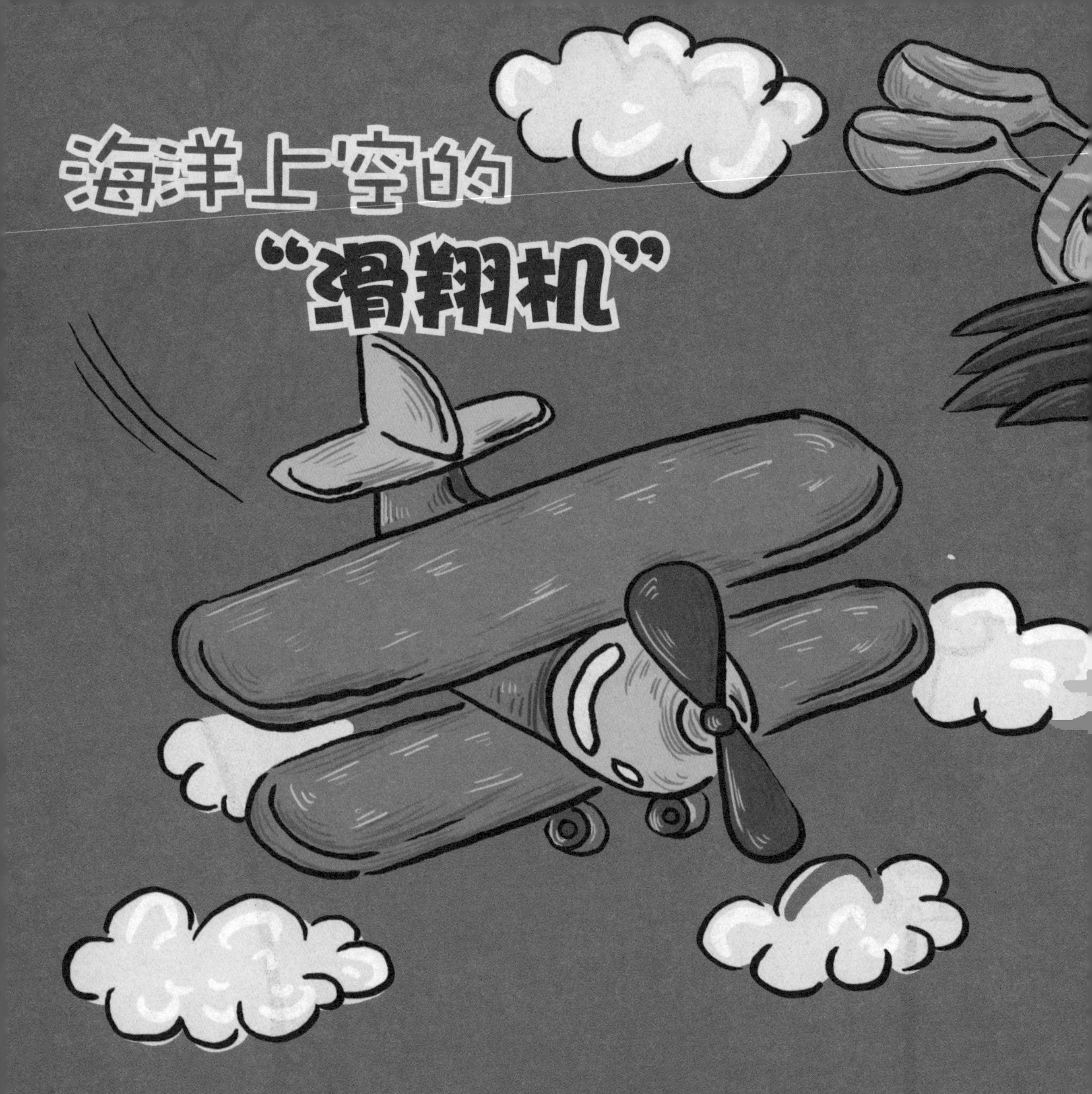

鸟儿轻快地拍动着翅膀飞向蓝天，它们自由翱翔的姿态，让人们特别羡慕。有一种鸟也翱翔在蓝天上，却像滑翔机一样，平平地抬着双翼几乎纹丝不动。那是什么鸟呢？

“滑翔机”的身体结构

有一种鸟能够在海面上跟随着船只滑翔数小时而几乎不拍一下翅膀，因此被称之为滑翔冠军，这就是信天翁。

小朋友们肯定会觉得奇怪，它们是如何练就这种滑翔本领的呢？其实，它们之所以能在“滑翔界”夺得冠军称号，与它们独特的身体结构密不可分。信天翁的头很大，尾巴却很小，窄窄的翅膀，却能在飞翔前的一瞬间展开至 3 米多长。如果你在海边看到信天翁在滑翔，一定会感叹：那分明就是一架精巧的滑翔机嘛！

为什么受伤的总是我？

信天翁能夺得滑翔冠军，除具有得天独厚的身体优势外，还会借助海面的上升气流来“作弊”！因为信天翁有很强的敏感性，能适应不同的气流变化，能借助气流变化毫不费力地滑翔数个小时。

不过，信天翁的这种本领也让自己吃尽了苦头，它们长期习惯于借助气流滑翔，变得越来越懒，几乎懒得扇动翅膀，以至于天生的飞翔技能也逐渐退化。信天翁在落地时总是很笨拙，常因为控制不好而挨摔。可怜的信天翁肯定不喜欢回到陆地，因为这是它们的伤心之地啊！

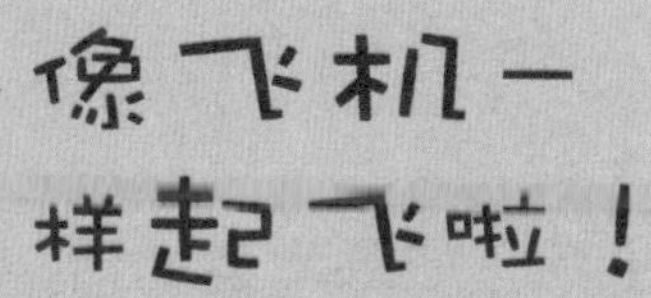

信天翁在鸟类中可算是个大个子了，由于它们擅长滑翔，耗费体力很少，不免身体发胖。虽然信天翁长着一对独特而有力的翅膀，可是这样沉重的身体，也实在是给它们的翅膀出了难题，因而它们不能够像其他鸟一样直接腾空而起，而是要像飞机起飞一样，需要一个跑道来快速地向前助跑一段，才能够飞到空中去享受滑翔的快乐！

喜欢热闹的信天翁

信天翁喜欢热闹，因此它们选择了群居生活，如果幸运的话，你会看到成千上万对的信天翁“夫妇”，在一起热热闹闹盖房子的壮观场面。它们通常会一起去搜集大量的泥土和植物来建造一个超级大的巢，这样的巢即便一只成鸟也很难爬上去。但是也有少数几个种类的信天翁的习惯比较怪异，它们远离热闹的群体，而选择在悬崖和岩脊上孤零零地搭建一个家。

用怪味熏跑敌人

信天翁的本事还真不少呢。一般情况下，会飞的鸟类遇到危险时一般会展翅高飞。如果信天翁在陆地上遇到敌人，用飞翔的方法逃跑肯定会有危险，估计还没跑完助跑，就已被敌人擒获了。

但信天翁才不会那么容易被抓获呢！虽说起飞不如别人，可它还有一件克敌制胜的秘密武器呢！不要小看它们哦！原来信天翁遇到危险时会分泌出一种强烈的麝香味的胃油，这种气味足以把敌人给熏跑。呵呵，小朋友们一定没有想到吧？

保卫家园的勇者

憨憨的信天翁对家园有很深的情感，一旦遇到入侵者，它们就会团结起来，把坏蛋赶跑。为了守护家园，它们不仅会对入侵的动物发出攻击，甚至面对入侵的人类也毫无惧色。

第二次世界大战时，美国海军来到一个荒岛上，想在那里建立军事基地。但这里恰恰是信天翁的领地，美国海军的到来打扰了这里的安宁，惹恼了信天翁。于是，成群结队的信天翁鸣叫着向美军俯冲过去，拼命发起攻击。美军派飞机和高射机枪来轰炸扫射，打得信天翁遍天抛尸，信天翁怎么能抵挡得了这些硬武器，只好缓兵,美军这才勉强开展作业。

但美军没有想到：机场刚刚修好，飞机却没法飞行。因为信天翁集结在机场上空盘旋，受干扰的飞机时常在空中相撞，事故频发。最终，美军只得向信天翁投降，把领土还给了它们。虽然信天翁守卫家园获得了最终的胜利，却不知之前牺牲了多少只同伴的性命。

信天翁是怎样喂养宝宝的？

信天翁幼鸟出生 10 ~ 11 周后，它们就需要吃一些“油水”来补充体力了。这时候妈妈就会给幼鸟喂一些已经被自己消化一半了的海洋动物肉和消化猎物产生的含脂类的油。一般幼鸟在经过妈妈 5 个月左右的照料后，就能够独立生活了。

猜猜看

鸟中歌手——百灵

小鸟的叫声堪称世界上最美妙的声音，喜鹊叫“喳喳”，大雁叫“嘎嘎”，布谷鸟则会“布谷—布谷”有节奏地鸣叫……它们的叫声各有特色。但是，在众多的鸟类中，只有百灵被人们称为“鸟中歌手”，那它的“歌声”究竟有多么美妙呢？接下来，我们就一起去见识一下这位大自然的歌唱家吧！

原来有这么多种百灵鸟呀

百灵是草原上盛产的名贵鸟类，产于我国内蒙古广大地区以及河北省的北部、青海省东部等地，尤其喜欢栖息于河北省张家口地区的坝上，当地人喜欢叫它“云雀”。

百灵的种类很多，常见的有蒙古百灵、沙百灵、小沙百灵、云雀、角百灵和歌百灵等。其中，最著名的是蒙古百灵，它是中国传统的名贵笼鸟。

掀起它的盖头来

百灵属于小型鸣禽，体型较小，身长约 19 厘米，重约 30 克。它们的头上多有漂亮的羽冠，嘴巴细而小，呈圆锥状，有些种类的百灵嘴巴是长而弯曲的。百灵的翅膀又尖又长，尾巴则很短，另外，百灵还长有一双长而直的后爪。

雄性百灵最独特的地方是它那栗红色的额头，它的头部和后颈的颜色也是栗红色的，眉毛和眼眶周围的颜色则是白棕色的，它身上的羽毛主要呈现栗褐色。而雌性百灵的额头和颈部的栗红色毛发要比雄性百灵的少，身上的羽毛也偏近于淡褐色。

它可真是个能歌善舞的小家伙

百灵最讨人喜欢的就是它那副天生的歌喉，它可以十分轻松地就学

会了许多小鸟和小动物的声音，叫声响亮清脆，声色婉转动听，而且还能维持很长时间。百灵鸟从平地飞起时，往往边飞边鸣叫，它的“歌”不只是单个的音节，而是将许多音节串在了一起，形成完整的乐章。此刻，如果你正行走在一望无际的大草原上，一定会听到一种连音乐家都难以谱成的美妙音乐，这就是“鸟中歌手”的杰作。

百灵鸟不仅是“歌手”，而且还是个“舞蹈家”呢！它在歌唱时，经常会张开双翅，跳起各式各样的舞蹈。它以美妙的歌喉，优美的舞姿给人类带来了无穷的乐趣。

百灵喜欢吃什么东西呢？

百灵是个杂食性鸟类，春季吃嫩草芽、杂草、杂草种子等；夏季和秋季主要以昆虫为食；冬季吃一些草籽和谷类，还有昆虫和虫卵等。

百灵虽然不挑食，不过它也从不危害农作物，相反，它还是为庄稼“治病”的“医生”呢。在夏季和秋季时，百灵会在田地里捕捉昆虫和飞蛾，是农作物生产区内的重要益鸟。

百灵的生活环境是怎样的?

野生的百灵具有很强的环境适应能力，它能顺利度过夏季 30℃以上的干热天气，也可以度过白雪皑皑的结冰气候。

在干旱季节，它们会发挥自己的生理特性来减少对水的需求，也会快速地飞到远处去寻找水源。在寒冷的冬季，百灵一般都会群居生活，有时是几十只在一起，有时甚至会达到上百只，团结就是力量，它们各自发挥自己感官的功能，增强在严寒环境下集体防御的能力，平安度过严冬。

翱翔在蓝天上的“草原清洁工”

在高高的山岭上空，秃鹫（jiù）总是独自翱翔着，像一个孤独的流浪者。别以为它翱翔在蓝天上，心高气傲的，其实，它是一位忠于职守的“草原清洁工”。

为什么是“草原清洁工”？

秃鹫喜欢高山和草原，生活在海拔 2000 ~ 5000 多米的地方，并且对休息的巢很讲究，它们会用树枝来搭建巢体，并在巢里铺上兽毛，这样就可以舒服地睡觉了。秃鹫一般是单独飞行，偶尔也能看到三五成群或是十多只一起飞翔的景象。秃鹫翱翔时将翅膀展开成为一条直线，却很少扇动翅膀，利用气流长时间地“漂”在空中。动物的尸体是秃鹫最喜欢的食物，若发现草原上大型动物的尸体时，秃鹫便开始“清洁工作”，分享它们丰盛的“美餐”。

小心谨慎的觅食者

秃鹫翱翔在蓝天上，眼睛却在仔细观察着草原，一旦发现孤零零躺在草原上的动物，就会在空中来回盘旋，反复观察。秃鹫是一位小心谨慎又有耐心的觅食者，对一个目标的观察通常要花费两天左右的时间。若认为目标确实是躺在那里一动不动的，秃鹫会飞得再低一些，在较近的距离观察目标；如果目标还是一动不动，秃鹫就会先降落到目标的附近，再悄悄接近目标，并不时地发出“咕喔”的声音来试探，如果目标依然一动不动，它就会用嘴啄一下尸体，然后又马上

跳开。经过这样一番试探后，秃鹫才会放心地扑到动物尸体上，用带钩的大嘴狼吞虎咽地吃掉它们。如此看来，看似像老鹰一样凶狠的秃鹫，在觅食时却是这样“胆小”啊！

秃鹫的身体为什么会变色？

秃鹫即便能捕获食物，但也未必能安心地吃上食物。

秃鹫会因为争夺食物而与其他同伴发生争执。这时，秃鹫的身体就会发生一些有趣的变化：平时秃鹫的面部呈暗褐色，脖子

呈铅蓝色；但在用餐时，一旦周围出现其他秃鹫，它的面部和脖子就会变成鲜艳的红色，就像是生气了——这是发出警告，要其他秃鹫远离自己。

如果来者是个身强力壮的秃鹫，它就会将食物拱手相送。这时，秃鹫的面部和脖子就会变成白色。而抢食成功的秃鹫，不仅以胜利者的姿态大口啄食掠夺来的美餐，而且还不忘炫耀一番，此时它们的面部和脖子也变得红艳似火了。失败的秃鹫则要经过一段时间的冷静，才能慢慢恢复到原来的体色。喜怒形于色的秃鹫，像变色龙一样变换着它们身体的颜色，十分有趣！

为什么秃鹫的数量在慢慢减少？

地球上秃鹫的数量在慢慢减少，主要原因是人类的捕杀。也许你会问："喜欢吃腐肉的秃鹫，长得那么难看，又那么凶猛，把它们捉去能做什么呢？"其实，秃鹫的身上都是宝贝：羽毛有很高的经济价值，可以做标本和装饰品；肉和骨头是很好的中药，可以治疗疾病。因此，很多人在利益的驱动下不断地捕杀秃鹫，秃鹫就变得越来越少。小朋友们，我们一定要好好保护秃鹫，不然，谁去草原上做"清洁工"呀？

夜空下的捕猎能手

我国有“夜猫子进宅，无事不来”“不怕夜猫子叫，就怕夜猫子笑”之类的俗语，可见大多数人都把猫头鹰当做不祥之鸟。但日本人却把猫头鹰视为福鸟，还把它选为长野冬奥会的吉祥物。那么猫头鹰究竟是一种什么鸟呢？

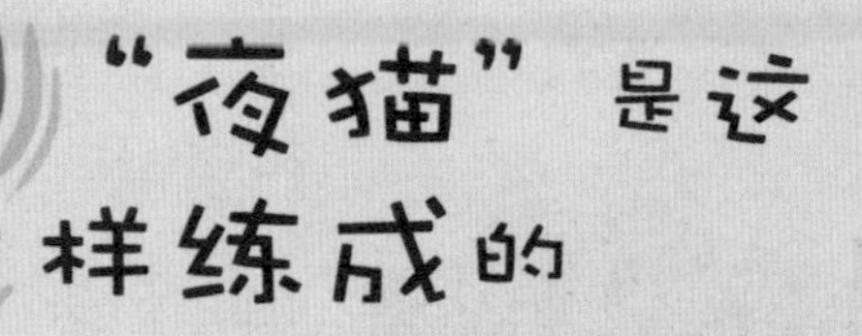

“夜猫”是这样练成的

清晨，小朋友们都要起床去上学，而有个懒家伙此时正在补昨晚的觉呢！这个懒家伙就是猫头鹰。你可能会问：“猫头鹰白天在睡觉，肚子不会饿吗？”猫头鹰当然不会让自己饿着肚子睡觉，因为它在夜间捕食吃饱了，白天睡觉当然不饿。

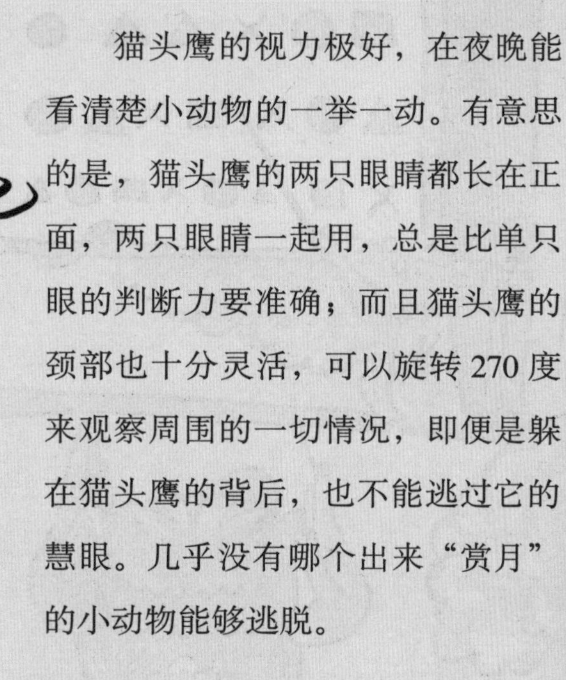

猫头鹰的视力极好，在夜晚能看清楚小动物的一举一动。有意思的是，猫头鹰的两只眼睛都长在正面，两只眼睛一起用，总是比单只眼的判断力要准确；而且猫头鹰的颈部也十分灵活，可以旋转 270 度来观察周围的一切情况，即便是躲在猫头鹰的背后，也不能逃过它的慧眼。几乎没有哪个出来“赏月”的小动物能够逃脱。

悄无声响的杀手

小动物在行动时都难免会发出声响，但猫头鹰飞行时却能做到毫无声响。原因是猫头鹰有一身柔软的羽毛，羽毛的密度很大，当猫头鹰拖着沉重的身体缓慢飞行时，这些羽毛就会将翅膀在飞行中拍打的声音吞食掉。因此，猫头鹰是一位悄无声息的杀手，能出其不意地给猎物一个措手不及的打击。

不“称职”的糊涂老妈

每年3～5月，是猫头鹰繁殖后代的季节，但这时总会让猫头鹰感到头疼。因为猫头鹰不知道如何孵蛋。对一般鸟类来说，孵蛋是天生的本能。猫头鹰也会孵蛋，但却不会有计划地孵蛋，这使猫头鹰陷入了一个大麻烦。一般猫头鹰生下第一个蛋后，便立即开始对第一只蛋进行孵化，下第二个蛋后，又开始孵化。这种单独孵化，把猫头鹰搞得手忙脚乱。往往是第一只猫头鹰宝宝已经长得又大

又肥了，而最小的那只猫头鹰宝宝才刚刚出壳，甚至还在壳里抱怨着妈妈怎么不管它呢！唉，摊上这个糊涂老妈可怎么办啊？

那个炫耀胜利的笑声哪儿去了？

曾经有一种在胜利后就放声大笑的猫头鹰，因奇特的笑声而得名“笑猫头鹰”。

笑猫头鹰有两种，分别生活在新西兰北部岛屿和南部岛屿，是当地最大的猫头鹰。由于当地几乎没有小型哺乳动物，所以笑猫头鹰只得以昆虫为食，并且学会把巢建在山洞、崖缝以及悬崖的草木茂盛处。

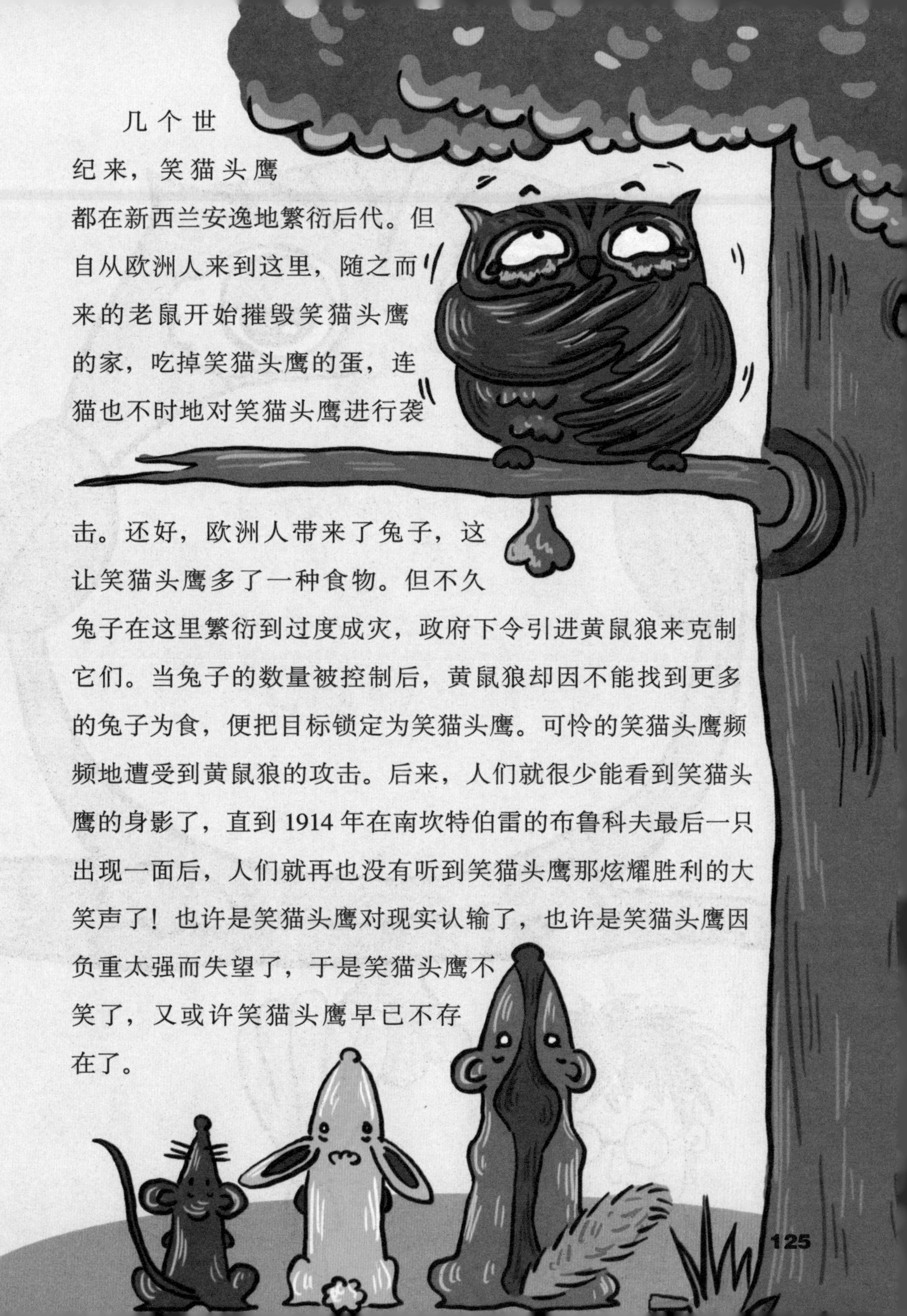

几个世纪来，笑猫头鹰都在新西兰安逸地繁衍后代。但自从欧洲人来到这里，随之而来的老鼠开始摧毁笑猫头鹰的家，吃掉笑猫头鹰的蛋，连猫也不时地对笑猫头鹰进行袭击。还好，欧洲人带来了兔子，这让笑猫头鹰多了一种食物。但不久兔子在这里繁衍到过度成灾，政府下令引进黄鼠狼来克制它们。当兔子的数量被控制后，黄鼠狼却因不能找到更多的兔子为食，便把目标锁定为笑猫头鹰。可怜的笑猫头鹰频频地遭受到黄鼠狼的攻击。后来，人们就很少能看到笑猫头鹰的身影了，直到1914年在南坎特伯雷的布鲁科夫最后一只出现一面后，人们就再也没有听到笑猫头鹰那炫耀胜利的大笑声了！也许是笑猫头鹰对现实认输了，也许是笑猫头鹰因负重太强而失望了，于是笑猫头鹰不笑了，又或许笑猫头鹰早已不存在了。

猫头鹰可以作为宠物吗？

看过《哈利波特》的小朋友，肯定会对里面送信的猫头鹰印象深刻。在电影中人们可以将猫头鹰作为自己的宠物，但是现实和电影还是有区别的，被列为国家 2 级保护动物的猫头鹰，如果私自捕捉到家中是会触犯法律的哦！轻者罚款放生，重者还将拘留受刑呢！

小测试
1. 谁是森林中的免费医生？
① 园丁鸟 ② 猫头鹰
③ 啄木鸟 ④ 麻雀
2. 世界上最聪明的鸟是什么鸟？
① 极乐鸟 ② 乌鸦
③ 琴鸟 ④ 鹦鹉
3. 什么鸟被称为“百鸟之王”？
① 孔雀 ② 天鹅
③ 金丝雀 ④ 翠鸟

图书在版编目(CIP)数据

我发誓你没见过这些鸟 / 纸上魔方编著. 一重庆:
重庆出版社，2013.11
(知道不知道 / 马健主编)
ISBN 978-7-229-07127-1

Ⅰ.①我… Ⅱ.①纸… Ⅲ.①鸟类—青年读物 ②鸟
类—少年读物 Ⅳ.①Q959.7-49

中国版本图书馆 CIP 数据核字(2013)第 255616 号

我发誓你没见过这些鸟
WO FASHI NI MEI JIANGUO ZHEXIE NIAO
纸上魔方 编著

出 版 人:罗小卫
责任编辑:陈 姝 王 娟
责任校对:胡 琳 朱彦谚
装帧设计:重庆出版集团艺术设计有限公司·陈永

重庆出版集团
重 庆 出 版 社 **出版**
重庆长江二路 205 号 邮政编码:400016 http://www.cqph.com
重庆出版集团艺术设计有限公司制版
重庆现代彩色书报印务有限公司印刷
重庆出版集团图书发行有限公司发行
E-MAIL:fxchu@cqph.com 邮购电话:023-68809452
全国新华书店经销

开本:787mm×980mm 1/16 印张:8 字数:98.56 千
2013 年 11 月第 1 版 2014 年 4 月第 1 次印刷
ISBN 978-7-229-07127-1
定价:29.80 元

如有印装质量问题,请向本集团图书发行有限公司调换:023-68706683
